U0018554

A TREE A DAY

# 一日一樹一故事

## 每天用一棵樹讓自己沉浸在大自然裡

Amy-Jane Beer
著 艾米-珍·必爾

譯 周沛郁

# 一日一樹一故事

## 每天用一棵樹讓自己沉浸在大自然裡

Amy-Jane Beer
著 艾米-珍·必爾

譯 周沛郁

一日一樹一故事——每天用一棵樹讓自己沉浸在大自然裡

作　　者——艾米-珍・必爾（Amy-Jane Beer）
譯　　者——周沛郁
特約編輯——洪禎璐
發 行 人——蘇拾平
總 編 輯——蘇拾平
編 輯 部——王曉瑩
行 銷 部——陳詩婷、曾曉玲、曾志傑、蔡佳妘
業 務 部——王綬晨、邱紹溢、劉文雅

出版社——本事出版
台北市松山區復興北路333號11樓之4
電話：(02) 2718-2001　傳真：(02) 2718-1258
E-mail：motifpress@andbooks.com.tw
發　行——大雁文化事業股份有限公司
地址：台北市松山區復興北路333號11樓之4
電話：(02) 2718-2001
傳真：(02) 2718-1258
E-mail：andbooks@andbooks.com.tw
封面設計——COPY
內頁排版——陳瑜安工作室
印　　刷——上晴彩色印刷製版有限公司
2022 年 11 月初版
定價　699元

A TREE A DAY by AMY-JANE BEER

First published in Great Britain in 2021 by B.T. Batsford,
An imprint of B.T. Batsford Holdings
Limited, 43 Great Ormond Street, London WC1N 3HZ
This edition arranged with B.T. Batsford
through BIG APPLE AGENCY, INC., LABUAN, MALAYSIA.

ISBN　978-626-7074-22-0
ISBN　978-626-7074-23-7（EPUB）
缺頁或破損請寄回更換
歡迎光臨大雁出版基地官網 www.andbooks.com.tw
訂閱電子報並填寫回函卡

國家圖書館出版品預行編目資料

一日一樹一故事——每天用一棵樹讓自己沉浸在大自然裡
艾米-珍・必爾（Amy-Jane Beer）／著　周沛郁／譯
——.初版.—— 臺北市；本事出版：大雁文化發行，2022年11月
面　；　公分. –
譯自：A TREE A DAY
ISBN　978-626-7074-22-0（平裝）
1. CST: 樹木　2. CST: 通俗作品
436.1111　　111013501

**P1：**榅桲樹，1870年的彩色平版印刷。

**P2-3：**一棵孤獨的樹俯瞰著北肯特（North Kent）高地。

**上圖：**用愛爾蘭樹木字母（見P208）拼出作者的獻詞：獻給因為非必要、欠思慮或不公平，而備受威脅的樹木。

**右頁：**漢普郡新森林（New Forest）的林地。

Contents

# 前言

**右頁**：美麗的樺樹林地上長滿了藍鈴花。

**下圖**：人類自從出現在世間以來，就和樹木密不可分。

樹是什麼？大多數人看到樹木時，通常分得出那是樹，不過卻很難掌握明確無誤的定義，因為幾乎所有單純的定義都會有例外情況。樹木並不是生物學上獨特的一群生物。有著樹木外形的植物形形色色，來自各式各樣的分類群；最廣義來說，「樹」這個名詞適用於開花與非開花植物，單子葉、雙子葉植物，也適用於高大或瘦小的植物、挺直或匍匐的植物、木質的植物，以及用其他方式長出堅硬樹幹的植物，像是樹蕨、棕櫚和竹子。大部分的樹是木本植物（但也有例外），有一至多根主莖（樹幹），許多有潛力可以長得很高（但也有例外）。

撰寫本書時，我一直試圖面對另一個問題，不是「樹是什麼」，而是「樹有什麼意義」。整體和個別的樹木，在地球上涵蓋所有生命（包括人類）的經驗之網中，占有怎樣的一席之地？這些交互關係與交易難以計量，雖然我已經在接下來的篇幅中探索，不過這個問題終究很私人。對你來說，樹有什麼意義？

# 解放櫟樹 Emancipation Oak

美國

「解放櫟樹」仍然屹立在維吉尼亞州漢普頓大學的校門口附近。

這棵高大的維吉尼亞櫟（*Quercus virginiana*）位在維吉尼亞州的衛星小城漢普頓（Hampton）。1863年，當地人聚集在樹下，聆聽亞伯拉罕・林肯（Abraham Lincoln）總統的〈解放宣言〉第一次在南方宣讀，宣言中聲明：

「1863年1月1日起，任何一州所有被人拘作奴隸的人……此後永遠自由。」

這棵樹也與瑪麗・史密斯・皮克（Mary Smith Peake）有關。皮克是個熱愛自由的黑人女性，違抗維吉尼亞州的法律，教導非裔美國人自由與解放的意義，即使南北戰爭爆發時也不中斷。她上課時頭頂上的那棵櫟樹，最後演變成漢普頓大學最早的教學空間；而在漢普頓大學校園，這棵櫟樹至今仍然屹立。

## 櫟樹少校 The Major Oak

**英國**

枝幹脫落是老樹在老年期的自然過程，不過，櫟樹少校和許多受到鍾愛的樹木一樣，有許多支架支撐著，以維持代表性的樹形。

這棵高大空洞的樹木生長在諾丁罕郡（Nottinghamshire）艾德溫斯陶村（Edwinstowe）附近，一般認為它的樹齡為九百到一千歲。英國有數十棵夏櫟神木，這稱得上是最有名的一棵。這棵櫟樹的樹齡高，又位在雪伍德森林（Sherwood Forest），因此與羅賓漢（Robin Hood）的傳說淵源很深。綠林俠盜和他的手下，是否曾經在這棵樹開闊的枝幹間或樹蔭下休息？這樣的可能性足以吸引每年數十萬名的訪客，從附近的遊客中心走一段平緩的步道來瞻仰它。稱之為「櫟樹少校」，是為了紀念海曼．魯克（Hayman Rooke）少校，他在1790年曾為那個地區著名的樹木寫過一本書。在那之前，大家都稱這棵樹為「女王櫟」或「喀克潘樹」（Cockpen tree）。

**上圖**：地球最南端的樹，位在火地群島的合恩島上。

**右頁上圖**：鼴鼠發現河岸居民不肯去野林的原因。（插畫：保羅．布蘭森／Paul Bransom）。

**右頁下圖**：約瑟夫．陶伯的詩文隨著樹木繼續生長了170年。

# 世界上最南端的樹 Southernmost Tree

## 智利

地球上最南端的樹，位在南美洲南端，火地群島（Tierra del Fuego）外的合恩島（Isla Hornos ／ Cape Horn Island）上。島的東邊有一座矮小濃密的常綠森林，為麥哲倫企鵝的繁殖群體提供遮蔽。森林的南邊是一叢叢離群的樹木，在岩石露頭的遮蔽下生長，躲避合恩角著名的猛烈暴風雨。其中最南端的一棵，是麥哲倫南方山毛櫸（*Nothofagus betuloides*）。2019年1月，由生態學家布萊恩．布瑪（Brian Buma）和安德列斯．霍茲（Andrés Holz）帶領的探險隊進行辨識並定位了這棵樹。這棵樹的高度不到90公分，樹幹直徑10公分。非破壞性的年輪測定顯示他們發現這棵樹時，其樹齡為41歲。

## 1月4日

鼴鼠問：「那邊有什麼？」他朝著一片林子揮揮掌；幽暗的林子圍繞在草澤地邊。「那個啊？噢，只是野林啦！」老鼠簡短地回答：「我們河岸居民啊，不常去那裡。」

——《柳林風聲》（*The Wind in the Willows*），肯尼思・葛拉罕（Kenneth Grahame, 1908）

## 1月5日

### 詩歌樹 The Poem Tree

**英國，威騰漢丘**

我們踏著　沉重腳步上山
雙丘頂上　蔭蔽枝幹闊展

這些詩句出自於當地的藝術家約瑟夫・陶伯（Joseph Tubb）之手，他在1844年到1845年間，把詩文刻在牛津郡威騰漢丘（Wittenham Clumps）的一棵樺樹樹皮上。那棵樹在2012年倒下，後人在原地擺上一塊石頭，石頭上的青銅牌就刻著這首詩，以及1965年的樹皮拓印。

# 1月6日

## 蘋果酒會 Wassailing

### 英國

聖誕節過後的第十二夜，在德文郡的蘋果樹間，人們用熱蘋果酒舉辦蘋果酒會。——《倫敦新聞畫報》（*Illustrated London News*, 1861）。

英國蘋果酒會的傳統是人們在慶祝歲末年終與新年到來；蘋果酒會就在冬至之後的日子舉辦。慶典始於冬至節或聖誕節，並在第十二夜（註：聖誕假期的最後一夜）告終，那時開始感受到白晝稍微變長了。某些地方的蘋果酒會傳統是挨家挨戶獻唱，以換取食物或酒類贈禮，而這是聖誕頌歌和「不給糖就搗蛋」活動的前身。不過在蘋果產地，這項傳統的重心是果園。果樹會被裝飾（有時掛上一片片吐司），澆上蘋果汁，祈願蘋果樹來年豐收。

## 橄欖枝 Olive Branch

**姊妹古樹，黎巴嫩**

一般認為，大洪水爆發時，一隻鴿子帶回一截姊妹樹的樹枝，讓挪亞知道方舟即將抵達乾燥的陸地了。

依據《舊約》的聖經故事，挪亞（Noah）的方舟在大洪水中漂流，他放出一隻鴿子，鴿子啣回一截橄欖樹的綠枝，也帶來希望，顯示洪水逐漸退去，方舟離陸地不遠了。

黎巴嫩的民間傳說認為，橄欖枝來自貝切利（Bcheale）小鎮的一叢橄欖樹。現存的十六棵樹被稱為「姊妹古樹」，據說樹齡高達五、六千歲。果真如此的話，姊妹古樹就名列世界上最古老的非無性繁殖樹木，與加州的刺果松不相上下（見P109）。

姊妹古樹的樹幹已經中空，所以無法正確判定樹齡。不過，這些樹木還會結果；當地人為了照料樹叢而成立的民間機構，會採下這些橄欖並製成橄欖油，十分搶手。

# 1月8日

## 錢幣樹 Money Trees

**英國**

約克郡谷地的英格頓瀑布步道（Ingleton Waterfalls Trail）上的一棵許願樹，遊客會把錢幣釘在樹幹上，以祈求好運。

在英國各地的樹林裡，有些倒木的腐朽樹幹上鑲嵌著數以百計的硬幣。把硬幣嵌進樹幹的傳統，可能來自於異教徒，在十九世紀就有一些關於錢樹的記載，不過這種作法似乎在近幾十年捲土重來，尤其是在北英格蘭地區。1980年代，波頓修道院（Bolton Abbey）的一棵樹遭強風吹倒，被人們拖到一條熱門的步道旁，樹幹上被嵌進的硬幣愈來愈多。約克郡谷地（Yorkshire Dales）和坎布里亞（Cumbria）的一些景點，也有類似的情形。不用說，這種作法對於生長中的樹木傷害很大。

## 奇維羅湖岩石藝術 Lake Chivero Rock Art

辛巴威

辛巴威的首都哈拉雷（Harare）附近，奇維羅湖休閒園區的一幅岩石畫，畫中描繪著人們砍倒一棵樹。

有時候，我們會發現，在史前岩石藝術中幾乎看不到植物，關於動物的畫作倒是很多。一直到五千年前左右，植物的圖像極為稀少，但藝術家想必知道植物，也賴以為生。而植物出現在畫作中的角色，似乎都被當成資源。這棵細心處置的樹木被繪於辛巴威奇維羅湖（Lake Chivero）的布希曼角（Bushman's Point），正是最好的例子。這幅畫創作於距今大約兩千年前，從畫中揮舞著斧頭的小小人形看來，樹木似乎是商品。

# 1月10日

右圖：

「守護神」盆景在華盛頓特區的美國國家植物園展出；1984年，創作者約翰．吉雄．納卡捐出了這個盆栽。

右頁上圖：

2002年的電影《魔戒：雙城奇謀》中，樹人「樹鬍」在一陣嘎吱聲中開始活動了起來。

右頁下圖：

這幅作品出自馬雅統治者帕卡爾（Pakal）的石棺，在位多年的君王就躺在十字形的世界之樹底下。

## 守護神 Goshin

約翰．吉雄．納卡（培育時間：1948~1984）

「守護神」（意為「精神的保護者」）是日本盆栽藝術最極致的展現。這是日裔美籍園藝家約翰．吉雄．納卡（John Yoshio Naka）的作品，由十一株袖珍圓柏（*Juniperus chinensis* var. 'Foemina'）構成。盆栽從1948年開始培育，原本只有兩株，之後經過多年，約翰．吉雄．納卡一一加上其他株。1964年，他培育出七棵圓柏的迷你森林，每株圓柏代表他的一個孫子女。後來，他又添了代表四個孫子女的四棵小樹之後，守護神最終的面貌終於成形。約翰．吉雄．納卡提到這個緩慢的手藝創作過程：「……創作盆栽不是去改變樹；而是要讓樹來改變你。」

## 1月11日

## 樹鬍 Treebeard

托爾金（J. R. R. Tolkein）史詩之作《魔戒》的古典奇幻世界——中土世界中，樹人一族宛如樹木，而樹鬍（又稱法貢，Fangorn）是其中最古老的一員，因此是整個中土世界最古老的生物。樹鬍出現在《雙城奇謀》和《王者再臨》，也見於前傳《精靈寶鑽》。樹人有一種與生俱來的奇妙深奧智慧；他們反應遲鈍，但被激怒之後卻又力大無窮，在對抗黑暗巫師薩魯曼時，扮演了關鍵性的角色。

## 1月12日

## 吉貝樹 Ceiba Tree

在中美洲神話中，吉貝樹是世界之樹（axis mundi），連結了人類的世間、天界和恐怖的冥界（Xibalba，意思是「恐懼之地」）。

在其他描述中，吉貝樹的樹幹有時被形容成是一隻巨大的凱門鱷魚，用尾巴站立。現實世界中的吉貝樹，高大、長壽，樹幹帶刺，原生於中南美洲和加勒比海地區。其族群包括吉貝木棉（*Ceiba pentandra*），這種木棉種子的纖維是優質的填料。

# 1月13日

這是羅馬龐貝城一幅濕壁畫的複製品，畫中的山林女神正要逃離阿波羅的魔掌。注意，月桂枝條正在綻放新芽，與她的斗篷顏色相同。

## 月桂 Laurel or Daphne　希臘

這種樹木的葉片油亮芬芳，經常用於地中海料理，由於枝葉茂密而成為花園樹籬和樹雕的熱門之選，在古典世界被視為神聖之物。在希臘神話中，女神達芙妮（Daphne）是蓋亞（Gaia）之女，為了逃避阿波羅求愛而化身為月桂（*Laurus nobilis*），讓他只有一棵樹能愛慕，從此阿波羅就戴著月桂的冠冕。

後來，月桂又成為羅馬人永生的象徵，不僅諸神和皇帝都戴著桂冠，桂冠也被賜予勝利者和冠軍，象徵他們的成就。這個傳統在文學和象徵形式中延續至今，例如肖像畫、學士學位文憑和桂冠詩人的稱號。

# 歐亞紅莖山茱萸

Common Dogwood

歐洲

歐亞紅莖山茱萸（*Cornus sanguinea*）是歐洲和亞洲常見的林地下層樹木，其卵形葉的葉脈呈弧形，間距寬大，很容易辨識。

它的英文名稱是Common Dogwood（普通山茱萸），但有另一個名稱是bloody dogwood（血腥山茱萸），指的是它在冬天的血紅色枝條。紅莖山茱萸的木材格外堅硬，莖幹通直，適合做烤肉籤、箭桿和矛，所以「血腥山茱萸」這個名字更加貼切。新石器時代的人類顯然很清楚紅莖山茱萸的這種特性。1991年，人們在高山冰川發現了木乃伊化的旅人：冰人奧茲（Ötzi the Iceman），五千多年前，當他死去時，隨身箭筒裡就帶著用山茱萸做成的箭矢。還有一種說法是，釘死耶穌基督的十字架也是用山茱萸做成的，讓山茱萸更加惡名昭彰。

紅莖山茱萸有著耀眼的冬枝，隨著季節帶來燦爛奪目的色彩，因此成為熱門的園藝植物。

1月15日

## 收集楓糖漿 Collecting Maple Sap

北美

楓糖漿是用特定種的槭樹汁液濃縮製成，尤其是糖槭（*Acer saccharum*）或黑糖槭（*Acer nigrum*）。槭樹和季節性氣候下的許多落葉樹一樣，會將碳水化合物以澱粉的形式儲存在樹根裡。冬末，槭樹會動用儲備，把澱粉轉換成糖，向上運輸，準備在春季供應旺盛生長所需的能量。

這種糖漿的傳統採集方式，是用短小的接口來收集。這種金屬或木製的管子有著尖銳的末端，人們將它鑿進柔軟木材的樹皮下，因為樹皮下有著數以千計的細小管道，將樹液沿著樹幹往上送。樹液會從接口流出，而人們會用桶子將之收集起來，之後再煮沸並濃縮大約四十倍，即可獲得風味獨特的極甜成品。現代的生產法通常是用塑膠收集袋，或用塑膠管直接把樹液送往中央烹煮設備。

採集槭樹液的傳統方式。在樹幹上留有之前採樹液的接口痕。

## 泰內雷之樹 Tree of Ténéré
尼日

空盪盪的風景中，兀立著這個寂寥的地標，它曾經是世界上最孤寂的樹。

在撒哈拉沙漠的泰內雷（Ténéré）地區，有一棵相思樹屬的樹木，離最近的樹木同伴大約三百五十公里。在1973年之前，它被認為是世界上最孤獨的樹。撒哈拉地區在沙漠化之前曾經是綠地，那棵樹是其中碩果僅存的，由於這個地標太有意義，即使後來它被一輛卡車撞倒了，仍然繼續在區域地圖上被標示了四十五年之久。位於尼日首都的國立博物館還保有這棵樹的殘骸，而原地現在由一尊金屬的樹木雕像取而代之。

## 泰雷津之樹 The Theresienstadt (Terezin) Tree

**捷克共和國**

出自泰雷津集中營（1942-1943）的畫作。1944年，納粹為了紅十字會在「裝飾行動」（Operation Embellishment）中的造訪，而「美化」了這座集中營。詭計果然成功。

泰雷津集中營位在捷克的泰雷津鎮。當時的納粹有一種宣傳手段，允許囚犯舉行宗教和文化活動，以及教育他們的兒童。1943年，在慶祝猶太教的細罷特（Tu B'Shvat），即「樹木新年」時，教師囚犯厄瑪·勞夏（Irma Lauscher）種下一棵偷帶進來的洋桐槭，並鼓勵學生照顧。超過一萬五千名兒童在前往奧許維茲（Auschwitz）集中營的路上經過泰雷津，但在戰爭中倖存的不到兩百人。不過，多虧了這位教師，加上學生們悉心照料，那棵樹存活到二十一世紀。保存下來的樹幹仍然豎立在隔離區博物館（Ghetto Museum）的園區內，其種子培育出的數百株後代，分別種植在世界各地的紀念地點。「細罷特」的日期通常會落在現今西曆的一月或二月。

1月18日

## 澳洲大葉榕 Moreton Bay Fig or Australian Banyan

澳洲

一棵澳洲大葉榕生長在西澳珀斯（Perth）的國王公園（Kings Park），具有這種植物典型的板根和多根樹幹。

這些樹可以長得很高大，但一開始只是附生植物，它的種子會落在寄主樹木的枝幹上，嫩枝向地面生根，同時往上、往外生長，枝葉愈來愈濃密，因此當寄主樹木枯死於澳洲大葉榕（*Ficus macrophylla*）的絞勒時，澳洲大葉榕就能支撐自己了。成熟的澳洲大葉榕，其特徵是粗大的氣生根，有時氣生根從樹枝上往地面垂落，有如簾幕。澳洲大葉榕原生於澳洲，但已大量引進世界各地暖溫帶地區。

## 孤柏 The Lone Cypress

**美國**

這棵孤柏堪稱北美最常被拍攝的樹木，已成為當地社群的商標。

這種代表性的樹木生長在加州卡梅爾（Carmel）附近，蒙特里（Monterey）半島的圓石灘（Pebble Beach）上方的一片岩石露頭上，屬於大果柏（*Hesperocyparis macrocarpa*，舊名 *Cupressus macrocarpa*）。一般認為，大果柏在史前分布得十分廣泛，現在原生地則限於圓石灘和附近的羅伯斯角（Lobos Point）這兩個小族群，不過它已經被引進其他地方種植，主要生長於紐西蘭。

## 金黃雲杉 Kiidk'yaas

### 加拿大

西卡雲杉「金黃」(*Picea sitchensis* 'Aurea')有一棵極為罕見的金葉樣本,生長在英屬哥倫比亞海岸外,海達群島(Haida Gwaii islands)最大的島上,樹齡應該超過三百歲,被第一民族海達族視為神聖之樹。不過,當地伐木工人葛蘭特·哈德溫(Grant Hadwin)卻因為妄想而砍倒了這棵樹,釀成悲劇,使得這棵樹更加聲名大噪。根據哈德溫所說,他在1997年1月20日,帶著一把特地買來的鏈鋸,游過冰凍的河水,鋸了那棵樹。兩天後,一起風,那棵樹就在風中倒下。哈德溫聲稱他的動機是痛恨「受大學訓練的教授和他們的極端主義支持者」。在哈德溫受審的準備期間,由於民眾義憤填膺,哈德溫聲稱擔心自己有生命危險,拒絕搭乘大眾交通工具,便乘著獨木舟出發,最後卻失蹤了。幾個月後,人們發現了那艘破爛的獨木舟,卻再也沒有見過哈德溫了。哈德溫是溺斃、遭殺害,還是逃走了?他的下場成謎,至今仍然無解。

在海達族的神話中,這棵金黃雲杉曾經是個男孩,因為對大自然不敬而受到懲罰,才會變成一棵樹。

## 海椰子 Coco de Mer or Sea Coconut

**塞席爾**

非洲東南方塞席爾（Seychelles）安斯珀丁（Anse Boudin）海灘上的海椰子。

海椰子（*Lodoicea maldivica*）最早是因為龐大的種子被沖上馬爾地夫群島的海灘，因而得名。馬爾地夫群島的當地居民認為，海椰子來自海洋，是屬於超自然之物。海椰子擁有已知植物之中最大的種子，有時重量超過十七公斤；它們來自最重的野生果實——雙椰子（二淺裂），這種果實本身可能重達四十二公斤，需要六、七年才成熟，然後再過兩年才會發芽。

許多人認為，海椰子仰賴長距離傳播的策略，讓核果隨著海流漂向遠方，但事實上，海椰子的自然分布區域僅限於塞席爾群島之中的幾座島嶼。其實，能發芽的核果都因為密度太高而無法在海面上漂浮，人們偶爾發現的那些漂到數千英里以外的果實，其實都已經腐爛了。

*1*月*22*日

## 「我想……」達爾文的生命親緣系統樹

### 'I think …' Darwin's Phylogenetic Tree of Life

支序圖（cladogram）這種樹狀圖，是用來表示某一共同祖先後代的生物或物種之間的關係。查爾斯．達爾文（Charles Darwin）曾在筆記中描繪支序圖的雛型，這張圖在達爾文生前不曾發表，卻成為演化思想的一個標誌。2000年，劍橋大學圖書館遺失了其中兩本筆記本，現在推測應該是遭竊了，而畫了支序圖的筆記正本就在其中。

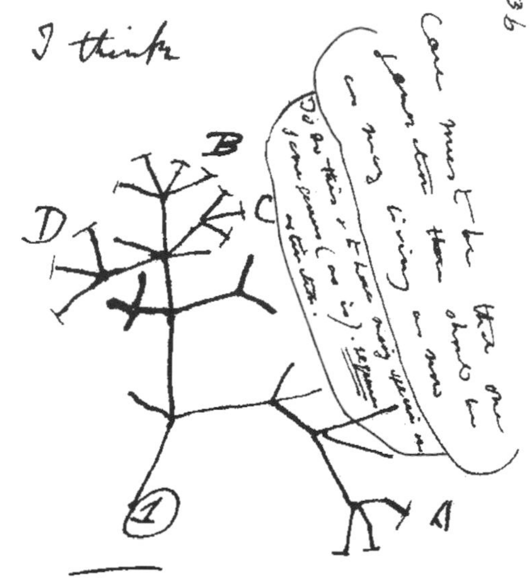


查爾斯．達爾文筆下的第一棵演化樹，塗鴉出自他記錄物種演變的第一本筆記本。

## 樹木雕塑 Tree Sculpture

〈大漩渦〉，羅克西．潘恩，2009

2009年，〈大漩渦〉在曼哈頓的大都會美術館屋頂展出六個月，這是當時拍攝的影像。

美國藝術家羅克西．潘恩（Roxy Paine）最出名的作品或許是宛如樹木的雕塑，他稱之為「樹狀」(dendroids)。這些雕塑按照數學法則建構，類似影響真正樹形的法則。潘恩解釋道，〈大漩渦〉(Maelstrom）試圖表現暴風旋轉迸發的能量，及其對森林的衝擊，表達「腦內風暴，或是我想像中癲癇發作的狀況」。

1月24日

## 抱樹運動

Chipko Andolan

印度

「抱樹運動」這種環保運動，成形於1970年代印度喜馬拉雅山脈南部的北阿坎德邦（Uttarakhand），村民抗議商人為了商業用途而砍伐栲樹，貪婪地剝削森林。抱樹運動與兩百四十年前左右，阿姆麗妲·黛維（Amrita Devi）及其他三百六十三名畢許諾族（Bishnoi）印度教徒的犧牲有緊密的關聯（見P265）。

雖然抱樹運動的領袖是男性，女性卻是此運動造成影響，以及非暴力抗爭是否有效的關鍵。發起抱樹運動的桑德拉·巴胡古納（Sunderlal Bahuguna）主張「生態是永恆的經濟」，啟發了一個世代的行動主義者。

**左圖**：抱樹運動讓「抱樹人」（tree hugger）這個名詞進入主流的語彙中。

**右頁上圖**：冬日裡，藍山雀棲息在一株山茱萸的枝幹上。

**右頁下圖**：在一整個夏天裡成長的櫟樹苗。

# 1月25日

## 凜冬烈火 Winter Fire

在冬季，歐亞紅莖山茱萸（*Cornus sanguinea*）光禿的枝條呈現獨特的顏色，因此備受矚目；此外，它也有實際的用途。山茱萸的果實雖然很少被人類食用，但是廣受鳥類的喜愛，因此農人經常將之種植於櫻桃園或李子園裡，藉以引開鳥類對主要農作物的啄食破壞。

# 1月26日

人類養成了獨特的潛力，渴望發揮，正如櫟實內心渴望成為櫟樹。

——亞里斯多德（Aristotle），
希臘博學家與哲學家
（西元前384–322）

## 馬勒姆梣樹 Malham Ash

英國

北約克郡馬勒姆山凹上方那片經常入鏡的風景，兀立著一棵孤獨的梣樹。

在約克郡谷地，馬勒姆山凹（Malham Cove）的石灰岩高原上，有一棵孤零零的白蠟樹（歐洲白蠟樹，*Fraxinus excelsior*，註：為梣屬落葉喬木），是英國最常有人拍攝的樹景之一，但也是最難拍攝的。這古怪的岩石形態稱為石灰岩鋪面，由不規則的塊狀（石芽）和受侵蝕的深裂（岩溝）組成。高原上毫無遮蔽物，不過岩溝提供了蔭蔽的微環境，形形色色的植物在其中欣欣向榮，而且現場有別於最初的印象，通常水分豐沛，樹根會深深穿透愈來愈窄的裂縫和縫隙，並找到水源。

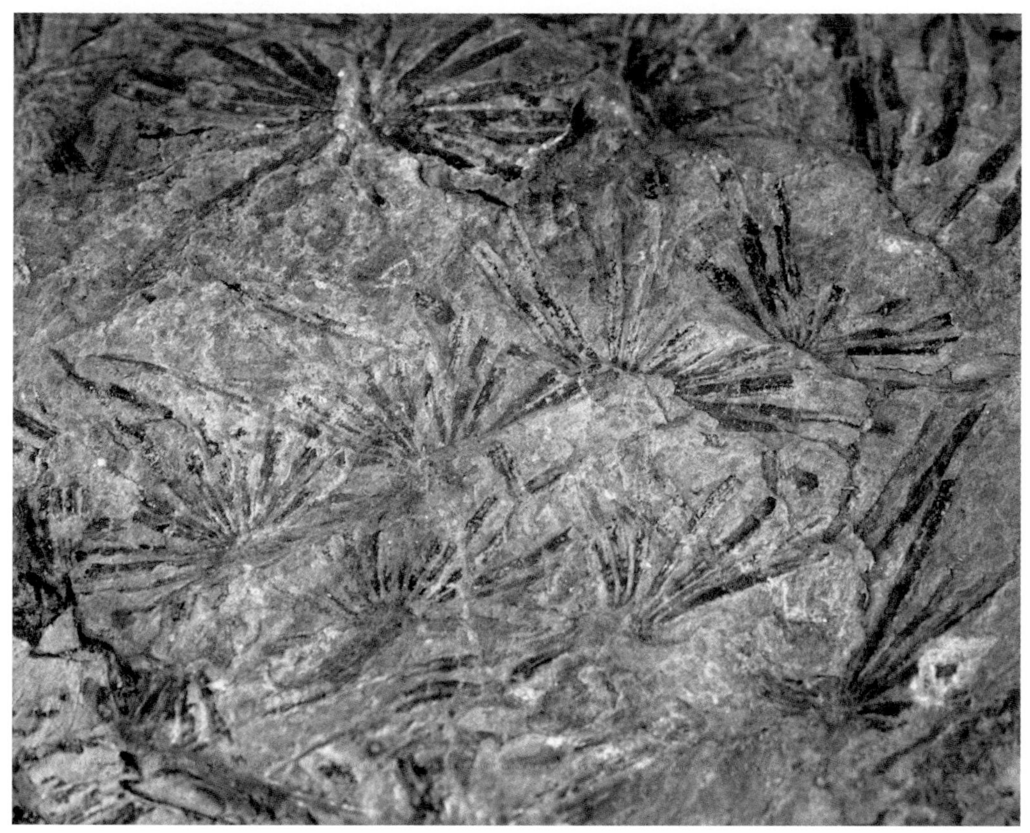

## 蘆木 Tree Horsetail

**德國**

這是德國薩克森（Saxony）地區超過三億年前的化石，清楚可見遠古木賊植物輪生的葉子。

在現代，木賊屬（*Equisetum* spp.）之類的木賊植物在潮濕地很常見，這種植物很少長到超過一公尺高。不過，在三億多年前，巨大的木賊（例如蘆木〔*Calamites* spp.〕）也躋身於高大的植被之間。有些高達五十公尺，靠著木質莖支撐，莖部中空有節，很像竹子的莖，不過垂直的溝紋很明顯，鞘狀葉輪生，類似現代的木賊。

# 黑暗樹籬

The Dark Hedges

北愛爾蘭

北愛爾蘭的安特令郡（County Antrim）格蕾絲丘莊園（Gracehill House）入口的車道，栽種了大約一百五十棵山毛櫸，在十八世紀就形成了極有氣氛的林蔭隧道。這個地方在HBO的熱門影集《冰與火之歌：權力遊戲》（*Game of Thrones*）裡化身為國土大道，更大大增添了這裡的觀光魅力。2016年1月，葛楚暴風（Storm Gertrude）的強風吹倒了其中兩棵巨木，其木材依據《冰與火之歌：權力遊戲》第六季的場景，雕刻成十扇精巧的木門，現在裝設在靠近該影集拍攝地附近的酒吧和酒館。

阿爾斯特省（Ulster）黑暗樹籬的古老山毛櫸，威嚴的枝條與陰鬱的樹蔭形成震撼人心的電影氣氛。

# 1月30日

## 橡膠樹 Pará Rubber Tree

巴西

赫曼・阿道夫・科勒（Hermann Adolph Köhler）繪於十九世紀的草藥誌《科勒藥用植物》（*Köhler's Medicinal Plants*）之中的橡膠樹。

橡膠樹（*Hevea brasiliensis*，又稱巴西橡膠樹）是大戟科（Euphorbiaceae）裡體型最大的成員之一，在原生環境中可以長到四十公尺以上。橡膠樹原產於亞馬遜雨林，原住民會採收橡膠樹的乳膠來使用。不過，直到亨利・固特異（Henry Goodyear）運用硫化作用來精煉乳膠，得到更有彈性、更耐久的產品後，橡膠樹才成為植物中的黃金。1876年，探險家亨利・魏克漢（Henry Wickham）從巴西偷渡了一大批橡膠樹種子，送給英國皇家植物園，其發芽的植株在英國和荷蘭的殖民地，包括印度、錫蘭（斯里蘭卡）、馬來亞（馬來西亞）、東印度（印尼）與新加坡，建立了廣大的橡膠園。

## 吳哥窟的絞勒植物 Stranglers of Angkor

**柬埔寨**

吳哥窟附近塔普倫寺（Ta Prohm）的古老遺蹟裡，高大的樹木彷彿建築的一部分。

吳哥窟這座龐大的十二世紀神廟建築群，位在柬埔寨的暹粒市（Siem Reap），雖然人們希望它長久屹立，不過在高棉帝國衰亡之後，數個世紀以來疏於維護，讓大自然有機會毫不留情地占據它。神廟群的部分石造建築被榕樹（*Ficus* spp.）、木棉、吉貝木棉和四數木（*Tetrameles nudiflora*）的根與芽破壞、撬開，幾乎完全被吞沒。這些樹木的根長進石造建築中，還能長得那麼高大，實在很神奇，不過，這些用來建造神廟的砂岩通常充滿孔隙，能讓水充分滲透，以供應樹根吸收。雖然神廟群有些部分已經無法修復，但辛勤的園丁已經在嚴格控制樹木繼續生長，並且避免使用繩索和鷹架，以免損傷或遮蔽石造建築，改以修枝剪、長梯和鋼鐵般的意志來進行維護。

## 林村許願樹 Lam Tsuen Wishing Tree

**中國香港**

農曆新年期間，香港林村的許願樹上掛著假橘子和許願符。

香港放馬莆天后廟莊嚴的榕樹（正榕，*Ficus microcarpa*），是慶祝農曆新年的傳統主角。當地居民會在紅色許願紙上寫下願望，把它捲成紙卷後，綁在橘子上，再丟上樹枝。如果線纏在樹上，願望就會實現。樹上大量的許願紙和橘子十分壯觀，不過隨著樹齡漸增，這棵樹逐漸承受不了垂掛物的重量，2005年，一根樹枝掉落，傷及一名老人和一個兒童。因此，現在的橘子是塑膠做的，而且許願符和假橘子不是丟在榕樹上，而是掛在一棵假樹上

## 婆羅之塔 Menara

**婆羅洲**

黃肉柳安屬於婆羅洲雨林突出層的樹木，從樹頂傲視著其他沒那麼高大的樹木所形成的樹冠。

在馬來西亞婆羅洲沙巴邦的丹農谷（Danum Valley）裡，生長著世界上最高大的開花植物：黃肉柳安（*Shorea faguetiana*）。這棵黃肉柳安俗稱為menara，馬來語的意思是「塔」，它是在2014年由牛津大學和倫敦大學學院的團隊以光雷達（LiDAR，見P306）掃瞄發現的。2018年，這棵巨大壯觀的黃肉柳安接受進一步的地面雷達掃描、人工測量基部與無人機調查，專家揭露了驚人的細節，它估計重達81.5公噸。接著，在2019年1月，環保主義者兼攀樹師恩丁・賈米（Unding Jami）攀上那棵樹，從樹頂放下量尺，確認樹高為100.8公尺，比之前的被子植物紀錄保持者，名為「百夫長」（Centurion）的大王桉，足足高出了30公分（見P199）。

## 求助外援 Summoning Help

松天蛾（*Sphinx pinastri*）的毛蟲被寄生性的姬蜂盯上了；姬蜂能避免松樹遭到過度啃食。

植物學家研究松樹、榆樹等幾種樹木的結果顯示，樹木居然會和某些種類的寄生蜂結盟，這與物種之間的某種化學通訊有關。這些樹木被毛蟲攻擊的時候，會釋放出特殊的芳香物質，而且不只是受損的葉子，整棵樹的所有葉子都會釋放。雌寄生蜂認出這種化學物質之後，就會飛過來，並用身上的針狀產卵器，把卵產在毛蟲身上。寄生蜂的幼蟲很快就會害死毛蟲，讓樹木能在毛蟲的攻擊中喘息。

更驚人的是，那些樹只有對毛蟲唾液產生反應，才會釋放招來寄生蜂的求救訊號，至於其他的損傷，例如葉子被剪刀剪除，或被鹿隻啃食等，並不會觸發同樣的求救行為。

## 博思的沉水林 Borth Submerged Forest

**威爾斯**

冬季的暴風雨偶爾會伴隨低位潮水，展露出開雷迪吉昂郡海岸上的青銅器時代森林遺蹟。

在西威爾斯開雷迪吉昂郡（Ceredigion），博思村（Borth）和伊尼斯拉斯村（Ynyslas）之間的海岸上，當海水退潮的時候，會浮現古老森林的化石遺蹟。幾千年前，海平面上升，淹沒了這片森林，那個地區多采多姿的民間傳說都述及這段往事，尤其是坎特雷．格瓦洛德（Cantre'r Gwaelod）的故事，它是一個消失在海洋中的王國。被保存下來的樹樁有松樹、櫟樹、赤楊和樺樹，專家以放射性碳定年法檢測，發現這些樹木死於四千五百年到六千年以前。

## 月亮樹 Moon Trees

美國

**上　圖**：1971年2月5日，阿波羅十四號任務執行者降落月球。

**右頁上圖**：德國多特蒙德市（Dortmund）雅致的鵝耳櫪大道。

**右頁下圖**：毛樺獨特的樹皮上有著水平皮孔。

在1971年2月的阿波羅十四號太空任務中，艾倫・謝波德（Alan Shepard）和埃德加・米切爾（Edgar Mitchell）在月球表面跳躍、揮打高爾夫球的時候，他們的同事——指揮艙的駕駛員史都華・羅薩（Stuart Roosa）則停留在月球軌道上。羅薩攜帶了美國林務署交給他的一包種子，總共五百粒。這趟旅程似乎對種子沒什麼傷害。當他們返回地球之後，這包長途跋涉的種子，有四百二十顆發芽了。1973年起，羅薩和他的女兒羅絲瑪麗（Rosemary）將這些種子培植成月亮樹（混合了洋桐槭、甜楓、紅木、德達松和北美花旗松），並分送到世界各地。2016年，一棵德達松（*Pinus taeda*）被移植到德州休士頓美國太空總署的詹森太空中心（Johnson Space Centre）。

2月6日

## 歐洲鵝耳櫪
European Hornbeam

德國

歐洲鵝耳櫪的外觀極為雅致，其葉片乍看之下類似樺樹葉，卻有細鋸齒，而且整個夏天都會有微微起伏的皺褶。歐洲鵝耳櫪（*Carpinus betulus*）的果實乾薄而帶有綠脈，稱為翅果。翅果大量垂掛，成熟時吸引成群鳥類，包括雀鳥和山雀。

鵝耳櫪的木材強度高且備受重視，需經常進行矮林作業以刺激分枝。

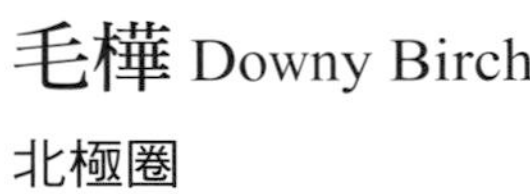

## 毛樺 Downy Birch

北極圈

毛樺（*Betula pubescens*）是銀樺的近親，特徵是小枝與葉梗上有軟軟的絨毛，樹皮表面有大量水平疤痕（皮孔），這些皮孔通常不是白色，而是灰褐色，也不具有銀樺的薄質「易剝性」。不過，毛樺和銀樺能夠雜交，因此在辨識上的難度很高。毛樺是地球上生長地區最北邊的闊葉樹，會出現在深入北極圈的區域。

2月8日

## 禁止停車樹 The No Parking Tree

**英國**

在2020年，禁止停車樹的樹幹空洞腐朽，看起來它的生命已經到了尾聲。

這種罕見的雜交花楸（*Sorbus admonitor*）只出現在北德文區沃特斯米特（Watersmeet）附近的混合林。這棵樹豎立在路肩，樹幹上被釘了「禁止停車」的標誌，最早是在1930年受到關注。這棵樹之所以吸引大眾注意，是因為它雖然是花楸木，葉片卻有不尋常的淺裂。直到2009年，專家採用二十一世紀的分子分析，才終於證明這棵樹是自成一種。當時，這種樹的樣本在那個地區僅找到一百多棵。

## 〈樹〉 Tree

塔妮亞・科瓦茨（Tania Kovats, 2009）

倫敦自然史博物館天花板的藝術品，由樹齡兩百歲的櫟樹木板拼接成長達十七公尺的作品，命名為〈樹〉，名符其實。

這件壯觀的作品是為了紀念查爾斯・達爾文的兩百歲冥誕，以及他最著名的著作《物種起源》（*On the Origin of Species*）出版一百五十年。〈樹〉的靈感來自達爾文的生命之樹（見P28），不過這可是真正的樹。這棵櫟樹高齡兩百歲，從前生長在威爾特郡（Wiltshire）朗利特莊園（Longleat Estate）。現在由兩百株新的樹苗取代，假以時日將形成紀念性的樹叢。挖除樹根後所留下的土坑，則被改造成水塘，供野生動物使用。設計師將樹幹和主枝切割成薄片，製作出這幅拼貼畫。該作品位於倫敦自然史博物館的卡多根展室（Cadogan Gallery）。其他木片則分送到當年達爾文搭乘小獵犬號時曾造訪的國家之博物館。

# 2月10日

## 大紅樹 Red Mangrove

**加勒比海**

許多加勒比海群島的島緣都有大紅樹的樹根交織纏繞，這些樹根既能當作野生動物的藏身處，也可以控制侵蝕。

大紅樹（*Rhizophora mangle*）是熱帶樹種，適應潮間帶，可以忍受其他開花植物大多無法生存的淹水、缺氧和高鹽分的環境。大紅樹原生於太平洋兩岸，在相對平靜的岸邊淺水中，形成茂密的樹林。氣生根有助於吸收氧氣，不過說來巧妙，它也能支撐枝幹，讓大紅樹在漲潮線上方大肆擴張。

## 人類世之樹·最孤獨的樹

The Anthropocene Tree or the Loneliest Tree　坎貝爾島

這棵孤零零的西卡雲杉，是不明智的林業計畫下唯一的倖存者，現在為人類世時代增添了醒世的新意義。

一棵西卡雲杉（*Picea sitchensis*）生長在荒涼偏僻的坎貝爾島上（毛利語稱為Motu Ihupuku），大約位在紐西蘭南方六百公里處，是世界上現存位置最偏僻的樹木。西卡雲杉並非原生樹種（那座島上的亞南極氣候極不適合林木生長），而是二十世紀初，紐西蘭總督蘭夫利伯爵烏徹·諾克斯（Uchter Knox）名下一座莊園的唯一倖存者。也許這棵樹持續較久的名聲，是它標誌了人類世（Anthropocene）這個地質年代的開始。分析這棵西卡雲杉的木材，顯示1965年生長的年輪有一個放射性碳的峰值，反映了1950、1960年代在太平洋的地表核子試爆。科學家認為，這是非常適於標誌人類活動成為地球上主要影響力的時刻。

2月12日

# 鉢の木 Hachi No Ki

日本

水野年方創作的一幅傳統浮世繪版畫中，貧困的佐野源左衛門常世用他寶貴的盆栽枝幹生火。

日本的「鉢の木」是製作盆栽的藝術，把樹木種在小型容器中，限制樹木的生長。「鉢の木」的容器是鉢，相較於種在淺盤中的盆栽，有更大的根系空間。這個名詞也是一齣十四世紀能劇的劇名，在劇中，貧窮年老的武士佐野源左衛門常世，因為有苦行僧來訪，便親手將自己最珍貴的樹（李樹、松樹和櫻樹各一）當作柴燒。結果，那位僧人正是幕府攝政北条時賴，而常世的無私之舉也因此受到獎賞。

## 泥炭櫟 Bog Oak

**歐洲**

這塊老木頭的色澤深沉，是因為受到富含單寧的水染色的結果。

泥炭櫟又稱沼木、黑木，是長年浸泡在泥炭沼裡的木頭，無氧的酸性環境使木頭不像平常那樣容易腐朽。沼澤中的水富含單寧，在數百年或數千年間讓木頭硬化、顏色加深。泥炭櫟雖然有個「櫟」字，卻包括各種樹種，而最常發現的是櫟樹、紫杉和松樹。泥炭櫟的價格很昂貴，多用於雕刻物和家具製作。

## 2月14日

### 奈莉之樹 Nellie's Tree
**英國**

大約一個世紀前，西約克郡加福斯（Garforth）的年輕礦工維克．史戴（Vic Stead）經常散步到附近的村落亞伯福（Aberford），拜訪他的戀人奈莉。他想到可以扦插三棵樺樹苗，組成奈莉名字的首個字母「N」，以具體行動展現他的愛。後來，戀人終成眷屬，而奈莉之樹也成為當地的一個地標。

## 2月15日

### 櫻桃李 Cherry Plum
**西歐**

櫻桃李（*Prunus cerasifera*）是馴化李樹的祖先，在西歐恣意生長，形成各式各樣的栽培型。櫻桃李有著繁茂的花朵，被奉為觀賞樹木或灌木，在晚冬經常綻放得最早。櫻桃李早早供應花蜜，因此是野生動物花園的熱門選擇，在二月比較溫暖的時候，嗡嗡作響的昆蟲紛紛圍繞著它。其果實有各種顏色和甜度。

**上圖**：林布蘭非凡的蝕刻畫，愈仔細看，會看到愈多細節。

**左頁上圖**：2018年，奈莉之樹在林地信託（Woodland Trust）舉辦的一場競賽中，獲選為英國之樹。

**左頁下圖**：櫻桃李早春綻放的耀眼花朵。

## 〈三棵樹〉The Three Trees

林布蘭（Rembrandt, 1643）

荷蘭大師林布蘭的這幅蝕刻畫極為細致，細節比乍看之下更豐富。畫面的重心是三棵樹，不過在仔細觀察之後，會發現右邊的樹後方有馬車夫從路上經過，不遠處有一群群牛隻在遊蕩，左邊有個男人正在釣魚，他的女伴感到很無聊。樹下方的山坡上，有個畫家的小小剪影，他正蹲著素描。不過，在這些角色中，誰會注意到前景灌木的濃密樹蔭下有人正在幽會呢？

# 2月17日

最大的成就在最初有段時間被視為做夢。櫟樹在櫟實中沉睡，鳥在蛋裡等待，而在靈魂最崇高的想像中，天使動了動，即將甦醒。夢是現實的種苗。

——詹姆斯・艾倫（James Allen, 1864–1912），英國哲學家與勵志先驅

## 毛利樹皮雕刻 Rakau Momori

**紐西蘭**

**上圖**：現在需要高科技掃描來保存查塔姆島上神祕的樹皮雕刻。

**左頁圖**：〈與樹說話〉（Talking to a Tree，繪者不詳）。

查塔姆島（Chatham Island，原住民稱為Rēkohu）位在紐西蘭東方的八百四十公里處，島上約有六百名永久居民，形成一個小聚落。在森林區，樹幹上可見人形和自然主題的刻痕，稱為rakau momori，主要刻在平滑的棒果木（*Corynocarpus laevigatus*）上。rakau momori的意思是「木頭的記憶」，一般猜測，這些圖像可能是為了紀念或向祖先致意而刻上的。有rakau momori的地區都歸於J・M・巴克國家歷史保護區，（J.M. Barker [Hāpūpū] National Historic Reserve），不過樹木的壽命有限，所以許多雕刻已經不復存在。為了保存這些奧妙的雕刻，許多現存的雕刻已經用3D雷射技術掃描下來，讓幾個世紀以後的子孫也能思索這些圖案的意義。

# 梅里昂尼斯櫟樹林 Meirionnydd Oakwoods

## 威爾斯雨林

在威爾斯雨林裡，岩生櫟（在威爾斯又稱威爾斯櫟）為數百種生物提供了豐富的棲地。

北威爾斯歷史悠久的梅里昂尼斯郡（Meirionnydd，現在是圭內斯〔Gwynedd〕的一部分）有一叢樹林，由於斜坡的地勢太陡，幸運地逃過砍伐和過度放牧，讓人一窺從前迷人的蒼翠風景。這個地區每年的降雨量超過一千公釐，堪稱水鄉澤國，雨水在陡峭的溪流中傾洩而下，從樹冠上滴落後，形成霧氣飄散在空中，浸透了苔蘚，濡濕了樹幹的縫隙。這片樹林的強勢樹種是岩生櫟（*Quercus petraea*，又稱無梗花櫟）。岩生櫟的種名*petraea*來自希臘文，意思是「住在多岩的地方」，而岩生櫟一如其名，非常適合多岩的棲地，不過這裡到處都有植物。這片林地以多樣化的苔類、蘚類、地衣和蕨類而著稱，形塑出一種原始、宛如托爾金筆下奇幻世界的氛圍。

## 森林之王 Lord of the Forest

丹尼斯・沃特金斯・皮契福德（Denys Watkins-Pitchford），
筆名BB（1975）

BB曾經在皇家藝術學院修習，總是為自己的著作繪製插畫。

英國博物學家、鄉紳兼多產作家丹尼斯・沃特金斯・皮契福德以筆名「BB」發表作品。他的著作《森林之王》寫的是一棵櫟樹的故事，一個年輕的牧豬人在1272年種下一粒櫟實，而後長成了那棵櫟樹。故事中，樹的生命與周圍來來去去的人們和野生動物交織，跨越漫長的英國歷史，直到1944年9月為止。《森林之王》就像BB的其他著作一樣，開場白是這樣介紹的：

> 世上神奇之事，美與力量，萬物之形狀，
> 顏色與光影，皆為我眼所見。
> 爾等亦應趁有生之年親睹。

# 2月21日

## 塔皮奧祭壇 Tapion Pöyta

芬蘭

1894年，芬蘭史詩〈卡列瓦拉〉之中的插畫。芬蘭的土地面積大約有75%是森林，因此是神祕森林居民的理想住所。

芬蘭的創世神話最早是以史詩的形式寫成〈卡列瓦拉〉（Kalevala），其中塔皮奧（Tapio）是森林神祇，類似英國民間傳說的綠人（Green Man，見P85），全身青苔，頭戴毛皮帽，鬍子是蓬亂的地衣。塔皮奧是熊王，也是塔皮奧拉（Tapiola）森林之王。凡人如果打算在祂的森林裡打獵，或是讓牲畜在森林裡覓食，最好在「塔皮奧祭壇」這個祭祀地獻上祭品。塔皮奧的妻子是女神梅莉凱（Mielikki），掌管醫療，也是森林小動物的守護神。

霍河雨林（Hoh Rainforest）是美國本土最潮濕的區域。

## 青苔殿堂

The Hall of Mosses

美國

華盛頓州奧林匹克國家公園（Olympic National Park）的溫帶雨林每年降雨量大約一千二百公釐。由於土壤肥沃、環境濕潤，樹木（主要是針葉樹，如西卡雲杉、花旗松和北美西部側柏）的樹根不必往下深扎或是往外延展，導致高大的樹木比較容易倒下，也就形成了由樹木和倒木交織的廣大林地環境，各有自己的附生植物和其他生命形成的生態系。苔類尤其繁多，覆蓋了所有表面，宛如一層蓬亂的鮮綠毛皮。

# 安妮·法蘭克之樹

Anne Frankboom

荷蘭

我幾乎每天早上都會去閣樓，呼出我肺裡窒悶的空氣。我從地板上最喜愛的位置仰望藍天和光禿的栗子樹，樹枝上細小的雨滴閃爍，彷彿白銀，……我想，只要這個景色還存在，而我能活著目睹這樣的陽光、這片無雲的天空，只要這一切還存在，我就不會不快樂。

——《安妮日記》，安妮·法蘭克著

**上圖**：安妮·法蘭克在1942年被迫躲藏之前，正在老家的房間裡書寫。

**右頁圖**：在阿姆斯特丹中部的街道上，有一棵高大的歐洲七葉樹（馬栗樹），它曾經是安妮·法蘭克的慰藉，如今已不復存在。不過，其種子發芽後長成的苗木，現在被分種到世界各地，以紀念安妮。

西元1947年，荷裔的德國猶太少女安妮·法蘭克（Anne Frank）在第二次世界大戰時所寫的日記出版了，在全球蔚為風潮。安妮藏身在父親位於阿姆斯特丹王子運河（Prinsengracht canal）旁辦公室隱密的附屬建築裡，這段文字節錄自1944年2月23日的日記，描述安妮在那裡看到的一棵歐洲七葉樹（馬栗樹）。當時，納粹占領期間，安妮和家人與另外四個人，在附屬建築裡躲了兩年。1945年2月或3月，安妮死於貝爾森（Belsen）集中營，幾週後，集中營就宣告解放了。安妮所愛的那棵行道樹成為傳奇的代名詞，但在2010年8月23日的一場暴風雨中被吹倒了。

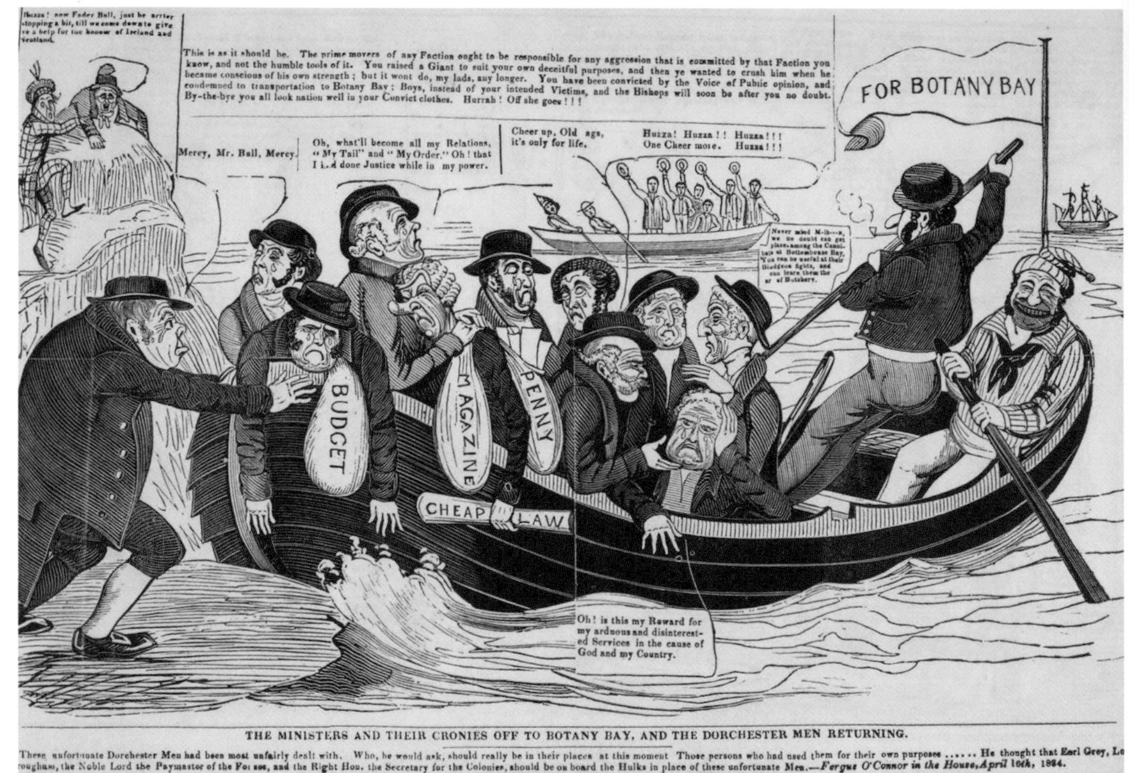


# 托帕多蒙難者之樹 Tolpuddle Martyr's Tree

**英國**

1836年的一幅歡樂政治漫畫，畫中一批被赦免的蒙難者返鄉，「大臣和他們的朋黨」則被送去接受懲罰。

自古以來，大樹是鄉下人最普遍的會面地點。不過，1833年，托帕多（Tolpuddle）的多賽特村（Dorset）有六名農工在一棵洋桐槭下集會，有著比一般會面更重大的意義。這六個人不滿地主持續性減薪，於是成立了一個組織：農工互助會（Friendly Society of Agricultural Labourers），這是工會的雛形。農工互助會的成員拒絕一週工資低於十先令。這個組織本身沒犯法，卻激怒了地主。1834年2月24日，農工互助會的六名成員遭到逮捕，之後被起訴，以禁止私下立誓的模糊法律被定罪。他們被移送澳洲，必須服七年的勞役。英國民眾激烈抗議，而英國的第一場政治遊行使得蒙難者在1836年獲得赦免。他們返鄉後，成為受人愛戴的英雄，不過其中有五人後來移民到加拿大的安大略。

## 軟木森林 Cork Forest

**西班牙**

西班牙栓皮櫟下層樹幹剝下的軟木，大約十年後會長回來。

西班牙栓皮櫟（*Quercus suber*）原生於地中海地區。軟木是栓皮櫟這種常綠樹的多孔保護性形成層組織，也是可再生資源，可以反覆、永續地從活體樹木上採收。一棵生長良好的樹木，採收一次得到的材料，足以製作四千個酒瓶塞。雖然稱不上天然林，不過像西班牙南部這些管理良好的森林，名列世界上最珍貴、多樣性潛力豐富的棲地。由於合成材料取代了軟木製品，尤其是酒瓶的塑膠瓶塞和金屬螺旋蓋愈來愈常見，也使得這些森林瀕臨絕跡。由於需求量下降，生產軟木的經濟效益岌岌可危；下次買酒時，不妨把這一點納入考量。

# 2月26日

## 木靈樹 Kodama Trees

日本

日本名古屋的熱田神社，將掛著紙垂的注連繩，纏繞在一棵大樹上。

在日本傳說中，木靈樹中住了森林的精靈：木靈。據說山區會迴盪著木靈的聲音。倘若人們砍倒那樣的樹，會召來詛咒或其他不幸，所以，木靈樹旁時常建造神社做為標誌，或是綁上粗壯的注連繩，以免人們犯下不幸的大錯。

*2*月*27*日

## 雲霧森林 Cloud Forest

**哥斯大黎加**

這是特定海拔的熱帶地景，由於氣溫下降，使得空氣中的水蒸氣開始凝結，形成雲或霧。雲霧森林寒涼、水氣飽和且光照不多的環境，使得植物生長緩慢，地面的酸性環境導致泥炭土累積。生長在這種地方的樹木，通常比低海拔的更矮小，而且樹上經常覆蓋著厚厚一層青苔、蕨類和其他附生植物。雲霧森林極為潮濕，即使沒在下雨，水滴也會凝結在樹葉上，產生一種內部降水：霧滴。

哥斯大黎加的蒙特維多（Monteverde）附近原始的雲霧森林，在1972年受到保護，成為世界上最早的生態旅遊景點之一。

## 北山台杉 Kitayama Daisugi
日本

這棵驚人的台杉生長在北山町宗蓮寺的清幽寺院中。

日本的台杉造林法是五百多年前發展出來的樹冠修剪技術，採用永續方式種植及收穫木材。成熟雲杉的枝幹被砍掉後，該部位會再度生長，新長出的枝幹相當筆直、彈性佳且極為強韌，因此在颱風與地震頻繁的地區，非常適合做為建材。莖幹（稱為垂木）尤其常用於搭建傳統茶室常見的屋頂形式。京都是台杉的發源地，這種技術始於京都，原本是為了保育現存的森林。而最著名的這個樣本，就生長在京都的北山町。

## 橄欖樹 Olive Trees

文森・梵谷(Vincent van Gogh, 1889)

文森・梵谷不斷地重返普羅旺斯聖雷米鎮(Saint-Rémy)附近的橄欖樹叢。梵谷在1889年6月畫了這幅風景畫,在當月也畫了〈星夜〉(The Starry Night)。

歐洲橄欖堪稱地中海文化中最象徵性的樹木,至少已被栽培了七千年。橄欖主要用來榨油,可製成烹飪用油、宗教用油或保濕潤膚用油。這些用途由來已久,十分普遍,「油」這個字的英文 'oil' 其實來自希臘文的olea(橄欖)。橄欖也是珍貴的木材樹種,橄欖枝千年以來都是勝利與和平的象徵。梵谷畫了許多幅橄欖樹的畫作,而文物修復師最近在這幅畫作上,發現蟋蟀的殘骸被嵌在厚厚的顏料裡,可能是梵谷在作畫時,正好有蟋蟀跳到畫布上。

## 菩提樹 Sacred Fig or Peepal Tree

印度

這幅繪於十八世紀、繪者不詳的西藏佛教畫中，描繪了阿彌陀佛（無量壽佛）在極樂世界（西方淨土）的景象。

菩提樹（*Ficus religiosa*）十分長壽，千年以來對印度教、耆那教和佛教都有特殊的意義（另見P303、P341）。菩提樹被視為某種世界之樹，也是諸神的家園，印度教聖典《薄伽梵歌》（*Bhagavad Gita*）曾經提及，黑天（Krishna，又譯克里希納）宣告，「所有樹之中，我乃菩提樹」。傳統上，印度教和耆那教的苦行僧會在菩提樹下苦行冥想，或者坐在樹下，或繞樹漫步，而釋迦牟尼正是在那樣的冥想結束時「開悟」，成為佛陀。菩提樹的實際特徵是心形葉，其上有狹長的「滴水葉尖」。

## 歐甘樹 Tree Ogham

**威爾斯與愛爾蘭**

新異教主義把歐甘樹的符號刻在特定樹種的樹枝上，作為占卜之用。

歐甘（ogham）是一種古老的書寫系統，主要見於石碑上的銘文（通常是名字），那些石碑可追溯到中世紀時代早期，主要分布在愛爾蘭和威爾斯。字母的起源至少可以回推到西元四世紀，甚至更早，而且一直到十世紀仍然在使用。

這套文字系統共有二十個字母（或稱為feda），前三個字母的發音是Beith-Luis-Nin。這些字母都是來自於原生樹種的名字，從beith（birch，樺樹）到Iodhadh（yew，紫杉）。

## 3月3日

# 密德蘭櫟樹 The Midland Oak

**英國**

前一棵密德蘭櫟樹在1909年的模樣。

沃里克郡（Warwickshire）利明頓溫泉（Leamington Spa）的密德蘭櫟，豎立在一向被譽為英格蘭地理中心的位置。目前的這棵樹是替代品，據說是原本那棵密德蘭櫟的後代。其實，英格蘭的中心位置爭議不斷，其他自稱中心點的區域，各自引用不同的計算方式，包括考文垂（Coventry）附近的梅里登（Meriden）的村落，德比郡（Derbyshire）的莫頓（Morton），以及萊斯特郡（Leicestershire）的林德利莊園農場（Lindley Hall Farm）。

# 北美金縷梅 Virginian Witch Hazel

北美

金縷梅在一年中氣候最冷的月份開花，因此被視為超自然之物，在美國俗稱為「冬日之花」（winterbloom）。

金縷梅屬有五個種，其中北美金縷梅（*Hamamelis virginiana*）原產於北美。金縷梅是灌木狀的小型林地樹木。其特色是在秋冬季節，枯枝落葉時期開花。它那有點蓬亂的花朵呈現黃色到紅色，氣味芬芳，花瓣狹長。利用其嫩枝或莖幹熬煮成的湯劑，廣泛使用於美國原住民的醫療中，而移民很快就採用了這種作法。金縷梅純露和軟膏具有收斂及舒緩效果，廣泛用來治療皮膚疹子、痔瘡，或是婦女產後皮膚保養。金縷梅的英文俗名'witch hazel'，字面的意思是「女巫榛木」，雖然它可作藥用，但其實跟女巫無關，而是來自古英文的wice，意思是「柔韌」。

# 歐洲朴樹 Lote Tree or Sidr

歐洲

歐洲朴樹，俗名又稱為「地中海朴樹」，這一幅植物插圖是由愛德華·莫貝（Edouard Maubert）繪製。

在伊斯蘭教中，歐洲朴樹是生命之樹的重現。歐洲朴樹出現於《古蘭經》中的人間與天界，標示著最高的七重天邊界，是一切造物之中最後的存活物。在世俗樹木中，人們通常認為生命之樹是歐洲朴樹（*Celtis australis*），或是棗屬（*Ziziphus*）樹木，可能是棗蓮（*Z. lotus* Ziziphus）或濱棗（*Z. spina-christi*）。這兩種棗屬植物在其他地區和文化中都有許多神話傳說（見P301和P88）。

## 〈櫻〉Sakura

喬・史蒂芬（Jo Stephen, 2018）

這幅畫依日本人對櫻花的熱愛，以「櫻」的日語發音sakura來命名（另見P72）。

喬・史蒂芬是攝影藝術家，利用創意處理技術，展現他接觸大自然時感受到的一些魔力。史蒂芬談到〈櫻〉時，這麼說：「這影像和我大部分的作品一樣，不是在日本拍攝的，而是在北多賽特（North Dorset）的住家附近的風景。這種作法背後的精神，是發展我與身邊大自然的連結和密切關係，盡可能減少我的碳足跡。春日第一朵精巧堅韌的花朵，總是令人滿心期盼；它表示日照增長，光明再現。」

3月7日

## 花見 Hanami

日本

花季的美景稍縱即逝，因此，東京和日本其他城市，都有大批民眾聚集在櫻樹夾道的大道上和公園裡。

花見（日語發音為hanami），也就是賞櫻的意思，這是日本歷史悠久的一個春季傳統。日本的櫻樹叢展現出短暫但美麗不可方物的景致。日本南端沖繩縣的櫻花盛開得最早，在二月綻放，而慶典隨著花季逐漸北移。賞櫻是晝夜適宜的活動。人們在公園裡舉辦盛宴和野餐，色彩繽紛的燈籠在繁花間閃爍。

# 黃花柳 Pussy Willow

歐洲

覆滿花粉的雄葇荑花序是早春炫麗的跡象。

這種樹通常會長成小型灌木，英文俗名又稱「山羊柳」（goat willow）或「大黃花柳」（great sallow），與其他柳樹的習性一樣，喜愛潮濕的水邊。黃花柳（*Salix caprea*）最顯眼的時期是晚冬，此時，雄株長出葇荑花序（註：花軸上長有許多單性花），花序上覆滿柔軟的灰毛，彷彿小貓咪或幼兔的腳掌。這些「腳掌狀」的部位展開時，會伸出黃色的雄蕊，將花粉撒向空中，為更長、更綠的雌性葇荑花序授粉。雄株和雌株都在葉片長出之前開出葇荑花序，因此能順暢地傳播花粉。人們常將開花的枝條剪下，帶進室內，在其乾燥後當作裝飾，可以維持好幾年。

## 《萊霍森林》Mythago Wood

羅柏・霍史達克（Robert Holdstock, 1984）

櫟樹融為一氣，化為一片灰綠的朦朧。
——《萊霍森林》

羅柏・霍史達克的奇幻小說系列受到評論家的一致讚揚。故事中，古老的英國林地裡有個平行宇宙，裡面都是附近居民所想像的、具現化的神話角色和神話生物，充滿了薩滿教（shamanism）、英國與凱爾特（Celtic）民俗傳說的強烈元素。森林裡的時空極為不同，至於深受吸引而進入森林裡的人，包括了疏離的兄弟和一名執迷不悟的科學家，他們經歷了恐怖的磨難；而科學家決心揭露那個地方的奧祕。森林中央的雷文迪斯（Lavondyss），是最古老、黑暗、魔力最強的領域。其系列作當中，第二集的女主角塔莉斯（Tallis）忍受數輩子成為樹和木頭的疲累歲月，才以年輕的生命重返外面的世界。

## 咖啡 Coffee

非洲

咖啡「豆」其實是小型肉質漿果（即核果）的種子。

阿拉比卡咖啡（*Coffea arabica*，小果咖啡）是最早為了咖啡豆而培育的咖啡樹種，最早可以追溯到十二世紀。阿拉伯學者記錄了咖啡對人們的專注力和長時間工作能力的影響。咖啡樹的特徵是深綠油亮的葉子和一串串白花，仔細看花朵，可以看出茜草科的特徵。目前在中南美洲、中非與東非、印度次大陸、東南亞與印尼大量種植咖啡樹，而咖啡豆是開發中國家的第二大出口產品。

# 自由城木棉樹 The Freetown Cotton Tree

**獅子山**

有多少城市如此珍惜樹木，讓樹木在兩個世紀以來的劇烈都市化過程中存活下來呢？圖中是布拉沃（Bravo），自由城。

自由城（Freetown）現在是獅子山的首都。自由城的聚落建立於1792年3月11日，一群原本被奴役的非裔美國人在美國獨立戰爭中效忠英軍，因此獲得自由。那群人在1787年重返非洲的土地時，據說在海邊附近一棵高大的吉貝木棉（*Ceiba pentandra*）樹下舉行了感恩儀式。據說，那棵樹現在已經超過五百歲，後來成為自由的象徵，四周有城市圍繞著它，使它成為當地的精神象徵。

## 接合 Inosculation

兩棵間距很近的樹，樹幹緊密地接合在一起。

「接合」的英文 'inosculation'，來自拉丁文 '*osculare*'，有「親吻」之意。這種自然現象是指同一棵樹或不同樹木的兩條莖或枝幹緊連著生長，最後融合在一起。樹藝師有時會用「編結」（pleaching）這種技術，製造人工的強迫接合。

# 3月13日

樹很美，更重要的是，樹有生存的權利；樹就像水、陽光和星辰一樣不可或缺。少了樹木，難以想像大地上的生命會是什麼情況。

——安東．契訶夫（Anton Chekhov, 1860-1904），俄國作家兼劇作家

**上圖**：傳統果園不會噴灑殺蟲劑，是牲畜可以恣意遊蕩的場所。因此，果園不只生產水果，也會生產秣草、蜂蜜、肉、蛋和乳製品。

**左頁圖**：亞歷山大．法蘭西斯．萊登（A.F. Lydon）繪於1865年。

## 〈春日果園〉An Orchard in Spring

**伊西德羅．威爾海登（Isidore Verheyden, 1897）**

以傳統方式經營的蘋果園，可能是各式各樣野生動物的避風港。這種蘋果園的重要性，不在於春天的繁花和可能的風落果，而是因為蘋果樹和許多果樹一樣，通常相對年輕（幾十歲而非幾百歲）就產生所謂的老樹特徵，例如，腐朽樹洞和空洞。對於以死亡樹木為食的昆蟲幼蟲，以及在樹洞棲息作窩，或是以這些昆蟲為食的鳥類、蝙蝠或其他哺乳類而言，這些特徵是非常寶貴的資源。

不過，「傳統經營」這個字詞是關鍵。如果果園裡噴灑了各式各樣的農用化學物質，又使用效率極高的機械方式採收，就有可能和其他遭到過度利用的地景一樣，成為野生動物沙漠。

## 3月15日

### 黑刺李 Blackthorn

歐洲

黑刺李（*Prunus spinosa*）是薔薇科的成員，要是經常修剪的話，不僅枝葉緻密，還會生長出異常尖銳的長棘，因此廣泛運用於樹籬植物，是很有效的牲畜柵欄。黑刺李是春日開花的先鋒，三月裡將整片樹籬變得一片淨白，彷彿堆積著晚落的雪。黑刺李的果實小而酸，很像大顆的藍莓，可以替黑刺李琴酒增添風味。

## 3月16日

### 樹木子 Jubokko

日本

在日本傳說中，妖怪是一種淘氣或懷有惡意的超自然生物，有各式各樣的形態，有時乍看像是正常人或動植物。樹木子是一種妖樹，一旦普通樹木生長的土壤浸飽了人血，就會長成樹木子，這種情況通常發生在戰場上。妖樹從此不再天真，渴望吸取更多人血，會誘捕粗心的路人，刺死他們，並用空心的樹幹吸乾他們的血。

## 岩生櫟 Sessile, Irish or Durmast Oak

**愛爾蘭**

**上圖**：岩生櫟很能適應淺薄的土壤，並把樹根伸進下方岩床的縫隙中。

**左頁上圖**：三月裡，黑刺李樹籬綴滿花雪。

**左頁下圖**：〈百鬼夜行〉，鳥山石燕繪。

岩生櫟（*Quercus petraea*）是愛爾蘭的國樹，原產於歐洲各地，分布範圍也延伸到小亞細亞和伊朗。岩生櫟時常是森林裡最高大的闊葉樹種之一，有時高達40公尺。岩生櫟的櫟實無梗，緊密叢生於小枝上。學名 ‘*petraea*’ 是指這種樹欣欣向榮的多岩地面。比起近親「夏櫟」（*Quercus robur*），岩生櫟生長的地方通常更高也更裸露。威爾斯的彭法多格櫟（Pontfadog oak）也是岩生櫟，它在2013年倒下，當時政府判定它為英國境內最古老的櫟樹，估計樹齡為1200歲。

# 3月18日

## 木蘭 Magnolia

亞洲、美洲

木蘭引人注目的花朵通常是粉紅色和白色。

古老的木蘭科（*Magnolia* spp.）都是樹木和灌木，是最早由昆蟲授粉的開花植物之一。木蘭的演化早於蜂類，所以早期的樹種很可能是靠甲蟲授粉。木蘭花的花朵雅致，但也格外強韌，花被（註：萼片與花冠的總稱）是牢固的花被片（即未分化的花瓣和萼片）。木蘭花時常在一年裡很早就開花，甚至在葉片尚未展開時，而這樣的特性也使木蘭成為熱門的觀賞植物。木蘭花在許多文化中象徵韌性，不同種類的木蘭被北韓、中國上海、美國休士頓和路易斯安納州等地區當作國花、市花或州花。

## 樹脂 Resin

櫻樹枝上的一個切口滲出樹脂，經過幾個小時到幾天的時間，就形成耐久的琥珀膠。

樹脂這種物質以液態儲存於植物的外層細胞（以樹木來說，就是儲存在活的樹皮層），並且在受傷時滲出。樹脂在與空氣接觸之後，會形成堅硬的膠狀物，因此發揮密封與治療的功能，相當於脊椎動物形成的結痂。有些樹脂氣味強烈，而許多樹脂的黏性都很強。以樹脂製成的產品有琥珀、松節油、香脂、乳香和沒藥，以及用來為希臘松香酒調味的黏稠薰陸香。

〈夜晚：紅色的樹〉Avond (Evening): The Red Tree
皮特·蒙德里安（Piet Mondrian，約1909年繪製）

〈夜晚：紅色的樹〉繪製時不曾明顯用到綠色，可見得蒙德里安對於原色的興趣逐漸濃厚。

荷蘭現代藝術家皮特·蒙德里安最著名的作品是以強烈的紅、藍、黃三原色繪製幾何圖形畫作。不過，蒙德里安早期的重心放在比較自然的主題。〈夜晚：紅色的樹〉的主題是一棵蘋果樹，生長在荷蘭澤蘭省（Zealand）海岸的棟堡（Domburg）藝術村裡，瑪莉·塔克·范·珀特立（Marie Tak van Poortvliet）與賈寇芭·范·黑姆斯克爾克（Jacoba van Heemskerck）的花園中。瑪莉·塔克是知名的藝術收藏家，在1910年買下了這幅畫，不過畫作現在收藏在海牙美術館。

## 綠人 The Green Man

對綠人的重新敘述，現在普遍見於流行文化，以及原創性、更心靈的脈絡中。

綠人的形象對西方人來說久遠而熟悉，不過名詞本身相對比較新，是由民俗學家拉格蘭男爵夫人茱莉亞（Julia, Lady Raglan）創於1939年，用來描述英國教堂裡木雕和石造品上戴著葉冠或噴射出樹葉的頭像。「綠人」這個名詞現在比較廣義地連結到各種男性的自然神祇、森林精靈、富饒之神和神話英雄，無論在文化上有無關係都可能有所連結，包括北歐的奧丁、古埃及的奧西里斯（Osiris）、希臘的戴歐尼索斯（Dionysus）、凱爾特的盧德（Lud）、獵人赫恩（Herne the Hunter）、綠色傑克（Jack-in-the-Green）、聖誕老人和俠盜羅賓漢。

## 卡索爾佐雙樹 Bialbero di Casorzo

**義大利**

**上圖**：附生的櫻花在春日綻放時，卡索爾佐雙樹的嵌合體格外震撼人心。

**右頁上圖**：婆羅洲沙巴的原始雨林，上方籠罩著一縷縷森成雲。

**右頁下圖**：瓶子樹把水分儲存在莖幹裡。

鳥兒會把種子儲存在樹縫中，鳥爪或鳥糞也經常傳播種子，讓種子卡進樹縫裡，所以樹木附生在其他樹上一點也不稀奇。不過，附生植物長得跟寄主一樣高大，卻沒有害死寄主，這就不常見了。義大利皮耶蒙特（Piedmont）的卡索爾佐村（Casorzo）和格拉納村（Grana）之間，有一棵櫻樹窩在桑樹上。櫻樹大概建立了根系，穿透了比較年老的桑樹幹往下生長，長到地面上。這個枝葉茂盛的嵌合體十分對稱，贏得了「名樹」的地位，在春天櫻花盛開時，成為相當獨特的景觀。

## 3月23日

### 森成雲 Silvagenitus

婆羅洲

當空氣的溫度夠高時，森林會自行產生雲霧。水蒸氣來自於落在葉子表面的雨水或降水蒸發，或葉面上的氣孔蒸散水分。樹木呼出的一團團潮濕空氣，稱為「森成雲」（Silvagenitus）。

## 3月24日

### 瓶子樹（沙漠玫瑰）

Bottle Tree or Desert Rose

葉門

索科特拉島（Socotra）的瓶子樹（*Adenium obesum subsp. socotranum*）矮胖如瓶肚，奇異的頂部枝幹綻放鮮粉紅色花朵，宛如蘇斯博士（Dr Seuss）天馬行空的奇想。瓶子樹隆起的樹幹和稀疏的蠟質葉片，是為了在非洲和阿拉伯半島岩漠的岩石與碎石之間生長，所產生的適應結果。小型的瓶子樹有時候會當作盆栽種植，不過唯有在野外，才能體會瓶子樹的真正魅力。

## 濱棗 Christ's Thorn Jujube

中東

深深的主根使得濱棗格外耐旱，有時種植在乾旱地區，可以穩固沙質土壤。

濱棗（*Ziziphus spina-christi*）分布集中於中東，但也延伸到東非和南亞，是乾旱地區常見的樹種，它的葉子和果實既營養又有藥效，因此很受重視。耶穌基督被釘在十字架上時，頭上戴的荊棘頭冠，據說也是濱棗。有一棵種在以色列中部哈澤瓦泉（Ein Hatzeva）的高大古老樣本，據說就是製作荊棘頭冠的材料，而且它的樹齡確實夠老。

## 山林女神德莉雅 Dryads

古希臘

這幅畫名叫〈哈瑪德莉雅〉，埃米爾．本（Émile Bin）繪於1870年。

希臘神話中，山林女神德莉雅（Dryads）是與櫟樹有關的女精靈，能變幻外貌。'dryads'這個名詞後來成為各種森林相關女神的通稱，例如達芙妮（Daphnaie，月桂女神）、墨利埃（Meliae，梣樹女神）和厄琵梅莉德斯（Epimelides，果樹女神），以及哈瑪德莉雅姊妹（hamadryads）。哈瑪德莉雅姊妹分別永遠化身為一棵特定的樹，據說，每位哈瑪德莉雅的一生與那棵樹的生命密不可分，如果樹倒了，那位哈瑪德莉雅就會死去。

# 3月27日

## 瓦納卡的孤樹 The Lone Tree of Wanaka

**紐西蘭**

瓦納卡湖的沿岸曾經被柳樹群環繞，現在只剩下一棵。

這棵樹位在如詩如畫的瓦納卡湖（Lake Wanaka）湖畔，背景是紐西蘭雄偉的南阿爾卑斯山，也難怪這棵孤獨但位置不難抵達的柳樹在instagram上形成打卡熱潮。這棵柳樹沒有正式的名字，不過在社群媒體上常被標註#瓦納卡樹（#ThatWanakaTree）的標籤。

3月28日

## 傲視群雄 Above it All

赤道

突出層的雨林樹木樹冠，常常支持著附生苔類、蕨類和鳳梨科植物的稠密群落。

雨林棲地層次分明。從土壤和地被植物開始，每一層都有自己的生態系，並具有其他生物的專一群落。其中最上層稱為突出層，通常由將近或超過五十公尺的樹木形成。這些巨木比較稀少，因為要在被其他樹木遮蔽之前長到那麼高，非常不容易。生長成功的樹木就能毫無阻礙地接收光線，而樹上總是點綴著附生植物。不過，這些巨木也會遭到強風和高溫侵襲。

突出層的樹木是鳥類、哺乳類，甚至包括冒險犯難的生物學家的珍貴棲息地、瞭望處；在樹上，好幾公里遠的景色都能清晰地盡收眼底。

〈農民之家〉Peasant's House at Éragny

卡米耶・畢沙羅（Camille Pissarro, 1884）

鄉下人簡樸的生活和家園景象，是畢沙羅一輩子的靈感來源。

印象派畫家兼新印象派畫家卡米耶・畢沙羅描繪了各式各樣的主題，卻對法國鄉間情有獨鍾。畢沙羅在他的印象派時期堅稱，自然風光應該在當場整體畫下，最好一口氣畫完——「天空、水、枝幹，讓一切以同等的基礎運行。」

不過，畢沙羅在後來以新印象派的點描風格，畫了同樣的風景，卻失去了樹木和樹籬大部分雜亂的生命力。

# 3月30日

## 修道士崖 Friar's Crag

**英國**

修道士崖的風景或許仍有樹木環繞，不過周圍荒野的森林卻被山羊啃食到毫無生機。

湖區最有代表性的景色，是凱西克鎮（Keswick）附近德文特湖（Derwent Water）岸上眺望的風景：卡特貝爾斯（Catbells）高地嶙峋連緜的山丘，前景是修道士崖低矮多岩的岬角，岬角上長著一叢叢歐洲赤松。從崖邊眺望湖面，再望向波羅谷（Borrowdale）的景色，也有那些樹木環繞，並且激發了畫家J・M・W・透納（J.M.W. Turner）、詩人羅伯特・騷塞（Robert Southey）和作家兼評論家約翰・羅斯金（John Ruskin）的想像；在羅斯金筆下，這是歐洲數一數二的景色。

巴克斯丘現今的風景，雖然樹木變少，道路和建築變多，但是山丘本身的位相關係（topology）從喬治·蘭伯特（George Lambert）畫下〈薩里郡巴克斯丘與遠方的多琴〉（Box Hill, Surrey, with Dorking in the Distance）以來，卻改變得不多。

## 錦熟黃楊 Box Tree

**英格蘭**

錦熟黃楊（*Buxus sempervirens*）是枝葉茂密的常綠樹，分布於歐洲的溫帶與地中海地區、北非和西亞，樹高很少超過十公尺。錦熟黃楊樹形緻密，小葉子對生，常做為觀賞用樹籬，或被修剪為樹雕。錦熟黃楊的英文俗名是box tree（箱子樹），源自於巴克斯丘（Box Hill），該處是薩里郡北當斯（North Downs）的熱門景點，錦熟黃楊在當地與歐洲紫杉（*Taxus baccata*）混生，並在坡度陡到羊隻無法覓食的白堊山坡上形成常綠樹林。

## 4月1日

# 香蕉 Banana

**熱帶、亞熱帶**

香蕉在採收後，大多趁青綠時以海運來運送，之後在目的地的專門倉庫裡催熟。

恭喜，你找到不合群的鬼牌了。香蕉（*Musa acuminata*）是一小類多樣化的單子葉植物——薑目（Zingiberales）長出的長形漿果。它又稱大蕉，不過大蕉通常是指用來煮食的品種。長出香蕉的植物並不是棕櫚樹，雖然它被稱為香蕉「樹」，但嚴格說來甚至不算樹木，因為它的「樹幹」是非木質的假莖，由一層層的葉基堆疊而成。香蕉的英文 'banana' 的字根來自阿拉伯文，是「手指」之意。若是產量高的栽培種，標準的花莖能長出兩百根以上層層疊疊的果實，可能重達五十公斤以上。香蕉通常成堆販售，行話稱這幾根到十來根相連的一小堆果實為「串」。

奧盧夫・奧盧夫森・巴格（Oluf Olufsen Bagge）所繪的這個托盤，出現於《北歐古史》（*Northern Antiquities*）在十九世紀的版本，此書節譯自北歐神話《埃達》（Edda）。《埃達》最早出版於1770年。

# 世界之樹尤克特拉希爾 Yggdrasil

## 北歐

全球的世界之樹神話中，最廣為人知的一個重新敘述是尤克特拉希爾（Yggdrasil），這棵世界之樹和北歐神話的九個世界相連。在古老傳說中（最古老的文字敘述是作者不詳的詩歌，被稱為《詩體埃達》〔*Poetic Edda*〕），尤克特拉希爾是一棵高大常綠的梣樹，枝幹伸向天界，根部深入冥界的各個泉水與水井，連結了宇宙。樹中住著神話生物，而神祇逕自忙著祂們有時渾沌的事務。尤克特拉希爾的標誌多少靠著現代預算驚人的影視業改編史詩，搬上大銀幕，而廣為人知。

# 4月3日

## 普利茅斯梨 Plymouth Pear

**英國**

2009年發行的一張英國郵票上，畫了普利茅斯梨。這系列的郵票是為了引起大眾對瀕危物種的關注。

這種稀有的樹木見於法國、西班牙、葡萄牙和英國的部分地區，而英國只有少數小心照料的樣本生長在普利茅斯地區。普利茅斯梨（*Pyrus cordata*）的花朵綻放時，會散發可怕的氣味（被形容為腐爛的挪威龍蝦或濕地毯），使得它的名聲更加響亮。它的果實是小而硬的球型吊飾狀，不過熟透了就會軟化，吃起來有梨子般的風味。這種植物是1981年英國《野生生物與鄉野法案》（Wildlife and Countryside Act）特別保護的唯一樹種，由於極為罕見，又跟同種的樹相隔甚遠，因此英國樣本的種子被存放到皇家植物園千禧年種子庫（Millennium Seed Bank）裡，以免區域性滅絕。

## 〈櫟樹〉Oak

卡里 · 阿克羅伊德（Carry Akroyd, 2012）

〈櫟樹〉捕捉了櫟樹嫩葉的獨特暗黃色，不過櫟樹葉的這種顏色只會維持幾天，接著葉子中就會充滿了綠色的葉綠素。

卡里 · 阿克羅伊德的作品見於數十本自然寫作書籍的封面，許多人因此而對她的作品十分熟悉。不過，阿克羅伊德最密切合作的大作家，是十九世紀的「農民詩人」約翰 · 克萊爾（John Clare），他和阿克羅伊德同樣來自北安普敦郡（Northamptonshire）。克萊爾的作品展現出對自然的一種強烈的愛與理解，時常充滿愁思，因為他寫作當時，鄉村人口流失和圈地使得勞工失去了與土地的連結。阿克羅伊德在研究農業背景時，探索了類似的主題。〈櫟樹〉見證了克萊爾那個年代屹立的一棵樹，它位處的景觀在兩人在世的年代，沒發生什麼變化。若克萊爾地下有知，應該很高興（或許還會訝異）。

## 黑楊 Black Poplar
**歐洲**

黑楊的雄葇荑花在早春帶來一抹驚豔的顏色。

歐洲黑楊（*Populus nigra*）喜好潮濕處，通常是低地。之所以叫「黑楊」，是因為樹皮顏色深，而葉片幾乎呈三角形。雄葇荑花序、雌葇荑花序生長在不同的樹上，分別像紅色與黃色的手指，而雌葇荑花長出的種子連著一團團白色毛絮，隨風飄散。黑楊為淺色木材，其栽培品種被廣泛種植，並因為具有天然的防火性，時常被用作地板材。修剪下來的小莖，可以做成實用的桿子、掛鉤和製籃材料。不過，野生的黑楊現在是英國最稀有的原生樹種之一，因為大部分的黑楊彼此之間生長得相距甚遠，不太可能與同種的同伴彼此授粉。

# 石化森林 Petrified Forest

美國

大約兩億兩千五百萬年前，盤古大陸這座超大陸的東赤道地區長滿森林，河川遍布。這些森林由針葉林組成，優勢樹種是三種早已滅絕的生物，古生物學家稱之為亞利桑那南洋杉（*Araucarioxylon arizonicum*）、南洋杉科的*Woodworthia arizonica*和*Schilderia adamanica*等珪化木。這些樹木有時會倒在河裡，然後被河水帶到下游，由於數量不少，自然形成堵塞，這些原木便逐漸被埋在沉積物下，而沉積物隔絕了氧氣，能防止木頭腐朽。此外，水中的二氧化矽逐漸沉澱在木質組織裡，形成石英。樹木因此石化，就這麼保存下來，而且有數十萬棵。

這個地區現在屬於亞利桑納州，大量的倒木化石使得這裡被指名為「石化森林國家公園」（Petrified Forest National Park）。一些化石樣本保存得非常好，在顯微鏡下仍然可以看到原本木材中的細胞結構。

古老樹幹的石化殘骸，散布在亞利桑納州的石化森林國家公園的境內。

# 4月7日

## 〈富嶽三十六景〉Thirty-Six Views of Mount Fuji

**葛飾北齋（1830-1832）**

葛飾北齋喜歡在作品中混合文化與自然的元素。他在這幅畫中頌揚春日的傳統──花見（賞花，另見P72）。

多產的日本浮世繪大師葛飾北齋（1760-1849）在漫長的生涯中創作了超過三萬幅畫作與版畫，最著名的是他七十多歲時的一系列作品，描述四季與各種天候下，富士山的火山山峰周圍的陸上與海中的生活。原本的系列是三十六幅版畫，但這系列太受歡迎，於是葛飾北齋再加上十幅，第一幅畫中這棵綻放的櫻樹位於品川港附近的一座小山──御殿山。

## 紋理木 Burr Wood

全球

紋理木是反常現象，起因於樹木的正常生長受到干擾。

紋理是木材生長時的異常隆起，通常靠近樹木基部，可能是物理傷害的結果，例如斷裂、切口或蟲害，或是受到真菌或其他病原體感染。紋理之中，原本整齊的年輪會扭曲，造成迷人的螺旋形狀，深受木匠珍視。

# 4月9日

## 茶樹 Tea

印度

印度喀拉拉邦的一座茶園。整齊的一排排茶樹是由人力照料的。

茶樹（*Camellia sinensis*）原產於緬甸北部和中國雲南省，現在在世界各地的熱帶與亞熱帶地區都有栽培。種茶的地區以高地為佳，因為茶樹在那裡生長緩慢，茶葉的風味因此更加濃郁。大部分的茶樹會修剪到一公尺半以下，以便每二至三週輕鬆採收嫩葉。說來神奇，這樣的揀選過程仍然是以人工進行。

## 〈早晨的昂蒂布〉Antibes in the Morning

克勞德・莫內（Claude Monet, 1888）

莫內在1888年畫了數十張昂蒂布的風景，他表示，「我從這裡帶回去的，是貨真價實的甜美，白、粉紅與藍，一切都籠罩在魔幻的氣息中。」

雖然這幅畫以此為名，不過，法國昂蒂布（Antibes）這座濱海城市僅僅是地中海晴朗光線和前景那棵樹的陪襯。莫內和其他印象派畫家一樣，喜歡玩顏色，即使我們知道樹葉的主色調應該是灰綠色，卻仍被誘導接受了橙色和黃色。

4月11日

## 樹籬整枝 Espalier

與這棵櫻樹類似的果樹，都能透過樹籬整枝的方式，靠著有遮蔽的朝南牆面生長，在異常寒冷的氣候裡催生果實。

樹籬整枝（espalier）是把一棵樹修整成整齊、平面的生長型，時常靠在棚架或牆邊。這種作法既美觀，也有實際的功用。果樹經過樹籬整枝引導而生長的樹形，枝幹彼此不會互相遮蔽陽光。樹籬整枝也能受惠於花園圍牆的遮蔽和餘熱，讓果實更快成熟，在果樹生長極限的邊緣氣候中更快成熟，並且避免霜害。從園丁的角度來看，額外的好處是樹籬整枝之後，樹木占的空間比自由生長的樹木小，果實也更容易採收。

## 〈砍倒多納爾的櫟樹〉The Felling of Donar's Oak

德國

1919年的一幅蝕刻畫中，當地異教徒在博義（Bonifatius，是Boniface的拉丁語化名字）砍倒他們的聖櫟樹之後屈服。

北歐當地直到中世紀早期，異教仍然欣欣向榮，這讓羅馬天主教廷大為懊惱。盎格魯撒克遜主教博義（Boniface，原名是「德文郡克雷迪頓的溫弗雷德」〔Winfred of Crediton in Devon〕）投入將近四十年的時光，讓現今德國的各地改變信仰。有一次，博義在傳教時，跟隨從一起用斧頭砍倒一棵巨大的櫟樹；那樹棵是多納爾（Donar，又稱索爾〔Thor〕，是北歐雷神）的聖樹。據說，在櫟樹完全被砍穿之前，吹起了一陣強風，把樹吹倒。這個狀況被解讀為神的認可；而雷電也不曾回應來擊倒博義，於是博義輕易地讓民眾皈依。那棵櫟樹的木材，用於在原地建造一座獻給聖彼得的禮拜堂。

# 4月13日

## 布萊頓市的樹 Brighton Trees

**英國**

布萊頓市皇家行宮（Royal Pavilion）北大門帶著異國風味的銅綠洋蔥狀圓頂。布萊頓市有數以千計的行道樹和公園綠樹，這是透過一些樹木所見的一景。

在1777年，日記作家塞繆爾．詹森（Samuel Johnson）博士造訪濱海城市布萊頓（Brighton），絕望地寫到這裡樹木稀少：「這地方實在荒涼，即使不得不住在這裡，走投無路而想上吊自殺，也很難找一棵樹來掛繩子。」這些文字似乎刺激布萊頓市當局採取行動，開啟了植樹計畫，此計畫延續至今，使得布萊頓成為英國最綠意盎然的城市之一。

## 馬土撒拉 Methuselah　美國

科學家對於辨識並定位世界上已知年齡最古老的自然有性繁殖樹木之過程，嚴格保密。

傳統上判斷樹齡的方式，是計算完整樹幹的年輪。不過，以無性繁殖（營養繁殖）的新樹幹，萌發自古老的根系，或是像紫杉這樣樹幹時常腐朽的樹種，就無法用這個方式來判斷。

刺果松（*Pinus longaeva*）則可以使用算年輪的方式，因為它極為長壽，也不是無性繁殖的樹種，又因為生長緩慢而能在加州、內華達州和猶他州的乾旱、惡劣、高海拔的棲地生存。科學家從馬土撒拉（Methuselah）在1957年的樹芯樣本，精準算出樹齡為4789歲，到了2021年已經有4853歲。雖然這是自然有性繁殖樹木之中最高齡的樹，但還有一棵刺果松——普羅米修斯（Prometheus）因為人們要計算它的年輪而在1964年被砍。當時，普羅米修斯比馬土撒拉老了47歲，顯示那一區還有其他更古老的樣本。

# 4月15日

## 格拉斯頓柏立神聖荊棘 Glastonbury Holy Thorn

**英國**

據說，格拉斯頓柏立荊棘是從亞利馬太的約瑟手杖中長出新芽而生。

這棵罕見的山楂樹品種「雙花」(*Crataegus monogyna* 'Biflora')，因為一年兩度開花的時間分別在萬聖節和聖誕節前後，而和宗教扯上了關係。原版的樹生長在薩莫塞特郡（Somerset）鄉間，舉辦格拉斯頓柏立（Glastonbury）音樂祭之處附近的韋里亞爾丘（Wearyall Hill），據說萌發自亞利馬太的約瑟（Joseph of Arimathea）的手杖。而約瑟有許多身分，例如耶穌的舅舅、埋葬耶穌遺體的門徒、英國基督教創始人，而在亞瑟王的傳說中，則是聖杯的守護者。神聖荊棘廣泛見於格拉斯頓柏立地區和其他地方，培育方式是把插條扦插到黑刺李上面，以維持獨特的花朵特性；如果是用種子苗種出的樣本，其生長出來的模樣就不會那麼穩定。

## 龍（千歲龍）El Drago; Drago Milenario
**特內里費島**

為了保護千歲龍之樹，一條路因此繞道。千歲龍之樹現在佇立於特內里費島伊科德洛斯比諾斯鎮（Icod de los Vinos）的公園裡。

千歲龍之樹（Drago Milenario）是最高大、可能樹齡最老的龍血樹（*Dracaena draco*）活樣本。千歲龍之樹既是國家紀念物，也是這棵龍血樹原生地——特內里費島（Tenerife）的象徵。普遍謠傳「龍」的樹齡大約一千歲，不過比較保守的估計是不到四百歲。它的樹高超過二十公尺，基部的樹圍也差不多，到了結果實的時節，樹木的重量估計增加逾三公噸。它的樹幹有個巨大的空洞，曾經塞滿岩石和水泥，因為人們誤以為這麼做能鞏固它，現在已經清除，改為設置抽風扇讓木頭保持乾燥，防止真菌生長。

## 巨木陣（霍姆爾一號）Seahenge; Holme I

英國

四千多年前在沼澤低地設置的木碑，令人對英國從前的古老人類社會產生各種迷人的疑問。

西元1998年春，業餘考古學家約翰．洛里默（John Lorimer）在退潮時於諾福克郡（Norfolk）的海濱霍姆爾村（Holme）附近散步，注意到海灘上露出樹樁。樹樁所在的位置，離洛里默在不久前找到青銅器時代斧頭的位置不遠，因此洛里默繼續觀察後續潮水沖刷掉更多沉積物之後的情況。最後，這個位置露出了由被劈開的原木所組成的圓圈，其直徑約七公尺，狹窄的入口剛好足夠一人通行。這個精心劃分的空間中央，顛倒擺著一棵大櫟

樹的樹樁。一切都顯示這是具有儀式意義的地點，年代檢測顯示，這個巨木陣是在西元前2049年的春天建造的，當時這裡是鹽沼。一連串神奇的自然變化保存了木頭：沼澤裡充滿了淡水；泥炭累積後產生無氧環境，防止木頭腐朽；最後淹沒在海中。由於古老的木頭一旦暴露在空氣中，就開始迅速分解，當局立刻決意開挖移置，加以保存。現在，巨木陣擺放在金斯林鎮（Kings Lynn）的林恩博物館（Lynn Museum）。

# 4月18日

## 通天樹 Égig Ér Fa (The Sky-high Tree)

**匈牙利**

這張匈牙利郵票印著由艾爾熱拜特·塞凱賴什（Erzsebet Szekeres）所製的掛毯，毯上的圖案是通天樹。

在匈牙利關於塔托胥（Táltos）的民間傳說中，有棵樹高不見頂，有時稱生命之樹、世界之樹或通天樹。通天樹下連冥府，上達七或九層的天界，只有類似薩滿的塔托胥獲准爬上通天樹，在通天樹的枝幹間體驗奇蹟，包括太陽與月亮，以及神奇的生物，像是巨大的圖魯爾（Turul）——這隻神話中的巨鷹是匈牙利的國家象徵。

## 普雷斯頓公園榆樹 Preston Park Elm

**英國**

普雷斯頓公園的「雙生樹」，但不久後其中一棵生病了，不得不砍掉。

布萊頓這座城市以城裡的樹木為榮，尤其是普雷斯頓公園（Preston Park）旁的一棵古老英國榆（*Ulmus minor* var. *vulgaris*）。這棵榆樹曾經是普雷斯頓雙生樹中的一棵，逃過一劫，數十年不曾受荷蘭榆樹病侵襲。可惜雙生樹中的另一棵還是得病而死，不得不在2019年砍倒。雙生樹是在十七世紀初種下，其中的倖存者成為世界上最老的英國榆樹。布萊頓市也有著國立榆樹收藏（National Elm Collection），另有一萬七千棵各種品種的樣本，種植在街道與公共區域。

4月20日

人與樹，我們一同在銀河中旅行。

——約翰．繆爾（John Muir, 1838-1914），博物學者兼保育學家

# 挖洞樹 The Dig Tree　澳洲

墨爾本的布魯克與威爾斯紀念像上的青銅碑，顯示探險者在挖洞樹旁的影像。

1861年，羅勃・柏克（Robert Burke）、威廉・威爾斯（William Wills）、查爾斯・葛雷（Charles Grey）和約翰・金（John King）的四人小隊，達成了歐洲人第一次南北縱貫澳洲的壯舉。不過，隊伍並未及時回到他們在東南昆士蘭庫珀溪（Cooper Creek）旁的營地。駐守營地的隊伍由威廉・布拉赫（William Brahe）帶領，比原本指示的時間多等了一個月，不過4月21日，他們自己也面臨挨餓的危險，於是痛苦地決定離去。他們把勉強挪出的物資埋了起來，在一棵小殼桉（*Eucalyptus microtheca*）樹幹上刻了指示，「西北挖三呎」（DIG 3FT NW）。命運的轉折很殘酷，當晚柏克、威爾斯和金就到了，但救援者抵達的時候，只有金活下來訴說他們的故事。兩隊人馬都對遇到的原住民充滿敵意，沒意識到當地的知識可能救他們一命。

## 利文思莊園樹雕園 Levens Hall Topiary Garden

英國

人們對樹雕藝術的看法仍舊分歧，不過英國湖區肯德爾（Kendal）附近利文思莊園歷史悠久，因此成名。

樹雕藝術是把葉片精緻的濃密灌木，修剪成端正或奇妙的形狀，可以追溯到至少兩千年前，是羅馬園藝的一大特色。樹雕總是有點爭議，老普林尼（Pliny the Elder）在他完成於西元77年的《博物誌》（*Naturalis Historia*）中貶低樹雕；雖然樹雕在文藝復興時期的歐洲大受歡迎，卻在十八世紀初退流行，一個世紀後才捲土重來。利文思莊園（Levens Hall）的樹雕花園能在退流行之後存活下來，很不簡單，被視為世上現存最古老的樹雕花園，古怪而壯觀的活雕塑和十七世紀末時的模樣相差無幾。

## 瓦勒邁杉 Wollemia Nobilis　澳洲

瓦勒邁杉的枝幹有彈性，時常微微下垂，常綠針葉扁平。

瓦勒邁杉（*Wollemia nobilis*）的英文俗名是Wollemi pine（瓦勒邁松），其實不太正確。瓦勒邁杉是常綠針葉樹，與智利南洋杉的關係比任何松樹更接近。瓦勒邁杉之名，來自澳洲新南威爾斯的瓦勒邁國家公園（Wollemi National Park），也就是瓦勒邁杉在1994年被發現的位置。新種的樹木總是令植物學家興奮不已，因為瓦勒邁杉屬（*Wollemia*）從前只有依據化石所做的描述。偶然發現瓦勒邁杉的人，是一群峽谷探險者（canyoneer），這種樹的種名正是以其中一人——大衛・諾布爾（David Noble）為名。諾布爾是業餘植物學家，他意識到發現的樹不太尋常。瓦勒邁杉從此廣為傳播，現今在世界各地的園藝中心都能買到，但野生的樣本剩下不到一百棵，而且當地叢林火災頻仍，威脅加劇，僅存的瓦勒邁杉成為對抗火災的一個特別焦點。

# 4月24日

## 愛之隧道 Tunnel of Love
**烏克蘭**

位於西烏克蘭的克列巴尼鎮（Klevan）和奧爾日夫（Orzhiv）這座小村子之間鮮少使用的工業鐵路，成了意想不到的旅遊景點。

這座五公里長的「隧道」所經過的落葉林，據說是在冷戰時期比較偏執的年代種植的，其用意是希望能掩蔽鐵路的存在，以免遭到空照或衛星照相發現。火車載著原料和成品進出當地的膠合板工廠，在行進過程中將樹林「修剪」成隧道，但火車只有偶爾行駛，因此這條路線十分安靜，可以安全步行。這個如詩如畫的地點主要是靠社交媒體傳播，成了著名的自拍和拍攝浪漫婚紗照的背景。

烏克蘭的「愛之隧道」。

## 罪槐樹 Zuihuai; The Guilty Pagoda Tree

**中國**

目前的罪槐樹位在北京景山公園，被當作人民權利的象徵來維護。

在1644年4月25日，李自成領軍叛亂十年之後，中國農民推翻了崇禎皇帝，結束了明朝兩百七十六年的統治。戰敗的皇帝逃離北京紫禁城的皇宮，在御花園裡的一棵槐樹（*Styphnolobium japonicum*）上吊自殺。當時的御花園是今日的景山公園，而那棵槐樹後來被稱作「罪槐」。原本的那棵槐樹早已死去，目前的罪槐是在1996年重新種下的代替品之一。

## 格爾尼卡之樹 Gernikako Arbola

**巴斯克自治區**

格爾尼卡集會所獨特的玻璃屋頂上，描繪了著名的櫟樹。

佇立在格爾尼卡（Guernica）集會所前的這棵櫟樹，是西班牙巴斯克（Basque）自治區幾棵歷史性的集會樹之一，也是被奉為自由象徵的第五代樹木。最晚從十四世紀開始，當地的政治活動一向在格爾尼卡之樹的樹下進行，不過第三棵格爾尼卡之樹在1858年種下，並在西班牙內戰期間有了嶄新的意義。這座小鎮並非軍事目標，但德國與義大利空軍卻在西班牙佛朗哥將軍的要求下，在1937年4月26日強力轟炸了小鎮。當地志願者組成武裝守衛，保護格爾尼卡之樹，那棵樹活到了2004年。

## 西洋接骨木 Elder

歐洲

接骨木花在春天裡盛開，帶來醉人的美景與香氣，非常能吸引昆蟲，尤其是食蚜蠅和甲蟲。

長著羽狀葉的西洋接骨木（*Sambucus nigra*），是路邊、荒地與林地下層植被中的健壯樹木，以四、五月綻放的一片片乳白甜美花朵而聞名。授粉後，會形成一叢叢晶瑩剔透的小黑漿果。它的花與漿果都能用來製作藥飲、糖漿，也可釀酒，分別是春日與秋日的精華（但有輕微毒性，所以都不能生吃）。它的樹皮、漿果和葉子，也能用於製造灰色、紫色與黃綠色的染劑。接骨木的木材顏色淡，容易削整。比較細的莖幹有著髓心，除去髓心之後會變成中空的管狀，適合製作哨子和長笛。奇幻小說《哈利波特》系列中，法力強大的接骨木魔杖，正是由接骨木製成，並以「騎士墜鬼馬」的毛髮為杖芯。

## 4月28日

# 霍華德莊園的無毛榆

英國

作家E·M·佛斯特（E.M. Forster）的著名小說《此情可問天》（*Howards End*），其原文書名中的霍華德莊園是虛構的，不過主要是根據佛斯特自己的兒時家園，那是在赫特福德郡（Hertfordshire）的史蒂文納吉（Stevenage）附近的鴉巢屋（Rooks Nest House）。在這張照片中，可以看到小說裡反覆出現的那棵樹幹粗壯的無毛榆，佛斯特在樹幹上刻著，「《此情可問天》中無毛榆的唯一紀錄」。

## 4月29日

# 山毛櫸新葉

New Beech Leaves

山毛櫸新葉的綠，是春日最耀眼的顏色之一。這些柔嫩的新葉在展開的第一天可以食用，接下來就開始累積帶苦味的單寧；單寧的作用正是為了防止昆蟲和動物啃食葉子。嫩葉的風味類似酢漿草或蘋果皮。一種木本的利口酒——山毛櫸葉白蘭地，就捕捉了這種味道，製作方式是把山毛櫸葉與琴酒、白蘭地和糖一起浸漬。

**右圖：**十字護符（crosh cuirn）是簡陋的護身符，力量正來自於製作時不用工具，尤其是做護符的木頭或羊毛都未經過修剪。

**左頁上圖：**或許鴉巢屋的禿鼻鴉，就在古老的無毛榆上築巢。

**左頁下圖：**山毛櫸葉在四月開始開展，邊緣起初會長滿茸毛。

## 曼島十字護符 Manx Crosh Cuirn　曼島

曼島上有個持續數世紀的傳統仍在五朔節前夕實行，人們會將花楸（cuirn，學名：*Sorbus aucuparia*）的新鮮樹枝，加上在樹籬上找到的羊毛，做成十字架（crosh）拿進屋裡，掛在門上方，取代前一年做的護符。在異教徒的語彙中，十字架代表四個基本方位或四元素；對基督教而言，則是耶穌受難的十字架。總之，十字護符的功效是阻擋邪惡，保護所有進出屋子的人。這些簡單護符最重要的是，製作護符的花楸樹枝必須從樹上折下，不能用砍的；各地的凱爾特文化都有不得劈砍花楸的禁忌。

5月1日

## 山楂 Hawthorn

**英國**

山楂的花朵美得脫俗，但味道不太討喜，據說類似性交的氣味，又像魚屍腐爛的腥臭味。

山楂（*Crataegus monogyna*）鮮綠色的葉子在春天常常最早展開，不過花開得相對比較晚，因此別名「五月花」。傳統上，在警告春日可能意外寒涼時，會說：「五月花開前，衣服別亂丟。」放任山楂生長的話，它能長成十五公尺的高聳大樹，不過在英國比較常用作樹籬植物，它對修枝的反應很好，能形成攔阻牲畜的多刺障礙，為棲息築巢的鳥兒提供絕佳的掩蔽。秋天裡，果實（山楂果）逐漸成熟，先是鮮紅色，而後是深紅色，為留鳥和冬候鳥（例如田鶇、白眉歌鶇和連雀）提供維生的食物。

## 威薩姆森林 Wytham Wood

**英國**

在威薩姆森林這座大型自然實驗室裡，生物學家特地設了數百個直立的盒子，一隻忙碌的藍山雀親鳥正在造訪其中一個盒子。

古老的威薩姆森林（Wytham Wood）位在牛津郡，占地四百公頃，從1942年起納入牛津大學名下，由牛津大學管理。這層關係使得威薩姆森林成為世上被研究得最透徹的森林之一，有多項生態調查已經進行了數十年，尤其是對大山雀和獾的調查。這裡也是八百種蝶蛾的家園，數量驚人。

## 歐洲山毛櫸 European Beech

**英國**

德比郡峰區國家公園（Peak District National Park）昂然聳立著一棵古老的山毛櫸。

歐洲山毛櫸（*Fagus sylvatica*）的樹形陽剛，有著光滑的淡色樹皮，四季的葉片都很壯觀，許多人認為它是世界上最美的樹種之一——溫帶森林之王是櫟樹，后冠則非歐洲山毛櫸莫屬。歐洲山毛櫸也是熱門的樹籬植物，擁有枯而不落的特性，冬天裡枯葉仍然長在細枝上，直到春天新芽綻放後才會被擠落。山毛櫸樹林的氛圍宛如教堂，因為山毛櫸的樹幹宛如柱子，而且樹冠濃密，會阻止大部分較小的樹木和夏日的林地植物在此生長，只留下幾乎空盪盪的林地，地上則覆滿落葉。

## 迷宮森林 Puzzlewood

英國

願原力與你同在：《星際大戰》的暴風兵入侵迪恩森林。

或許有些人從沒想過，《魔戒》裡中土世界的實際地點，其實靠近格洛斯特郡（Gloucestershire）迪恩森林（Forest of Dean）的科爾福村（Coleford），作家托爾金就住在附近。他在世時，會造訪這座占地五公頃的非凡迷宮森林，森林裡到處都是苔類覆蓋的岩石、神木、單車小徑和陽光灑落的林中空地。當地是數十部賣座強片和熱門電視劇的拍攝地點，因此也是巫師和絕地武士、時間領主與外星人、騎士和國王經常出沒的地方。目前開放遊客參觀。

# 5月5日

## 無毛榆 Wych Elm　歐洲

無毛榆，歷史插畫（1885）。

無毛榆（*Ulmus glabra*）曾經是常見的樹種，分布廣泛，從愛爾蘭到伊拉克都可以看到。無毛榆在成熟時能長到三十公尺以上，不過由於荷蘭榆樹病肆虐，無毛榆現在並不常見了。有些最好的樣本生長在愛丁堡市的公園。在其他地方的許多林地裡，還能看到小棵的無毛榆，而樹籬裡的無毛榆常被誤認為榛樹。不過，從葉子可以看出端倪。無毛榆的葉面粗糙，而且榆樹的葉基都不對稱。無毛榆的花朵同時擁有雌花和雄花的結構，最後會形成翅果（samara），翅中央各帶著一粒種子。當這些小樹長大，到達了帶著榆樹病真菌的甲蟲可以寄生的尺寸後，通常就會因被寄生而得病死亡。

## 赤楊 Black Alder

**歐洲**

俗話說，赤楊喜歡到處插一腳。

赤楊（*Alnus glutinosa*）生長快速但壽命相對短暫，喜好歐洲各地沼澤或水邊的棲地。它的英文俗名‘alder’來自一種獨特的濕林地——alder carr（時常簡稱為carr）。赤楊的雌花與雄花同株，分別是葇荑花序和小小的錐狀花序。赤楊的木頭在鋸下後會變成深橘色（有人說是血紅色），不過只要把赤楊木浸泡在水中，就能防腐蝕。因此，赤楊木時常成為建造碼頭、小船、水閘，甚至製作木屐的材料選項。

# 5月7日

## 維吉尼亞圓葉樺 Virginia Round Leaf Birch

卡林・華格納（Carin Wagner, 2020）

人們原本以為維吉尼亞圓葉樺已經絕種，直到在1975年發現了幾棵樣本，便用來繁殖了數百棵樹，再移植到野外。

美國藝術家兼環保主義者卡林・華格納藉著繪畫讓人注意到樹木。華格納表示：「很難把任何一棵樹給我的感受壓縮成文字，那太龐大了。不過，當我和樹木同行，被樹木環繞時，都會滿心喜悅，而我以繪畫的方式，向我們危恐失去的物種致意。」維吉尼亞圓葉樺（*Betula uber*）是維吉尼亞州史密斯郡（Smyth County）的特有樹種，也是北美最瀕危的樹種之一。

## 白面子樹 Whitebeam

歐洲

白面子樹會綻放繁茂鬆散的白花，花期通常是五月。

「白面子樹」（*Sorbus aria*）指的是這種樹的葉背顏色較淡，有一層白色的絨毛。它的葉芽很像木蘭花的花芽。白面子樹的樹形偏小，頂多十五公尺高，時常是灌木或樹籬植物。白面子樹和其他知名的花楸屬樹種一樣，會綻放一叢叢的白花和紅色漿果。或許白面子樹最突出的特徵是很容易雜交，進而演化出獨特的當地樹種。單單英國就有十多個例子，局限在非常小的地區，以定義而言都極為稀少、瀕危（見P44的禁止停車樹和P261的萊伊花楸）。

# 5月9日

## 英國梧桐 London Plane　英國

英國梧桐的俗名'London plane'直譯為「倫敦懸鈴木」，不是以原生的城市為名，而是兩百多年前倫敦的街道因這些樹才開始改頭換面，它才會以此為名。

在倫敦市區數千條街道兩旁的優雅懸鈴木「英國梧桐」（*Platanus*×*acerifolia* 或 *Platanus*×*hispanica*），是兩種外來樹種——美國梧桐（*Platanus occidentalis*）和法國梧桐（*Platanus orientalis*）的雜交種，正適合東方和西方在地理與文化上相遇的這座城市。英國梧桐發現於十七世紀中，在十八世紀廣為種植。當時，倫敦是世界上最繁忙、污染最嚴重的城市之一，不過這些樹欣欣向榮，因為樹皮會剝落的天性，它們不時落下一片片光滑的樹皮，樹上的煤灰或其他髒污也隨之而去，進而得以保有迷人的外表。英國梧桐的壽命很長，許多當年種下的樹都存活至今。不過，英國梧桐雖然有代表性的地位，但以生態的角度來看仍然是新進的一員，對野生動物的意義有限。

## 多多納的神諭櫟樹 The Orcacular Oak at Dodona

古希臘

祭司和女祭司照料聖樹，解讀從樹葉的窸窣聲或掛在枝幹上的風鈴的搖曳聲中，聽到的聖語。

神諭地是人類與古典神祇連繫之處。伊庇魯斯大區（Epirus）的多多納（Dodona）是古希臘最古老、最重要的神諭地之一，曾經幾度用於連繫阿芙蘿黛蒂（Aphrodite）女神的母親——泰坦女神戴歐妮（Dione），以及眾神之王宙斯。數百年來，樹叢似乎縮減為一棵樹，最後羅馬皇帝迪奧多希（Theodosius）為了消滅其基督教帝國中的異教徒思想，便下令把那棵樹砍倒。多多納的櫟樹曾在希臘神話傑森與金羊毛的故事中露面，傑森的船亞果號（Argo）的骨架中有一根多多納櫟樹的枝幹，隱含了預言的恩賜。

## 5月11日

# 七葉樹週日

Chestnut Sunday　英國

位在倫敦西南部的漢普敦宮（Hampton Court Palace）附近，灌木公園（Bushy Park）裡長達一英里的歐洲七葉樹（*Aesculus hippocastanum*）大道，是由著名建築師克里斯多夫・雷恩（Christopher Wren）爵士在1699年設計並種下的。為了重現維多利亞時代的傳統，現在將最接近5月11日的週日訂為七葉樹週日。歐洲七葉樹在此時盛開花朵，遊行會沿著大道行進，人們在樹下搭起遊樂場並野餐。

## 5月12日

# 福廷格爾紫杉

Fortingall Yew　蘇格蘭

這棵紫杉生長在蘇格蘭珀斯郡（Perthshire）的教堂庭院裡，是角逐英國最老樹木的領先者，保守估計有兩千歲，最老可能九千歲。它的心材早已不在，所以真正的樹齡可能永遠不得而知，加上原本的樹幹裂開，整棵樹現在比較像一小棵灌木了。十九世紀發展出一個傳統，也就是送葬隊伍會通過樹中央的空洞，此舉認可並強化了紫杉與永生之間歷史悠久的關聯。

**上圖**：傳統的蘇格蘭舞者在倫敦的凱利酒吧（Ceilidh Club）跳剝柳舞。

**左頁上圖**：1929年春天，灌木公園裡的七葉樹大道上繁花盛開。

**左頁下圖**：原本的福廷格爾紫杉樹幹，現在看起來像是好幾棵樹的莖幹合體。

## 剝柳舞 Stripping the Willow

**英國**

柳樹纖細有彈性的枝條，具有各式各樣的實用功能。人們會將柳枝蒸過後再剝皮，使其變成柔韌的莖，並用來編織籃子、做柳雕，而一條條的柳樹皮也能在加工處理之後，產製出單寧和製繩的纖維。這個程序成為許多當地傳統的一部分，包括一種活力十足的熱門鄉村舞會：剝柳舞（Stripping the Willow）。最廣為人知的蘇格蘭版本，是情侶輪流沿著長長一排舞者來回轉圈，一邊旋轉，一邊交換舞伴。在薩福克郡（Suffolk）切德斯頓村（Chediston），五月的月圓夜晚上，有一位幸運的當地人會儀式性地披上剝皮柳條，然後被其他人丟進池子裡。

5月14日

## 西卡雲杉 Sitka Spruce

加拿大

莊園栽培的西卡雲杉，其樹形很少長得像自然生長的那樣美麗或壯觀。

雖然西卡雲杉（*Picea sitchensis*，又稱北美雲杉）在一些地方被栽培為大面積純林，因為被當作速生的木材樹種而受到貶抑，但它在阿拉斯加到加州的原生地卻是威嚴的樹木。西卡雲杉是極少數樹高經常超過九十公尺的樹種，不過許多真正的老巨木已經被砍掉了。目前的紀錄保持者，其一是在加拿大英屬哥倫比亞溫哥華島上，卡曼納華布倫省立公園（Carmanah Walbran Provincial Park）的卡曼納神木（Carmanah Giant），另外兩棵在加州草原溪紅木州立公園（Prairie Creek Redwoods State Park）。這三棵樹都高達九十六公尺。

## 雪松聖林 Sacred Cedar Forest　中東

烏魯克的吉爾伽美什國王和恩奇杜一起攻打巨人洪巴巴；洪巴巴是雪松聖林的守護者。

這部《吉爾伽美什史詩》（*Epic of Gilgamesh*）是文字記載下來的最古老的故事。內容來自一系列古美索不達米亞石板上的楔形文字，可以追溯到西元前1800年左右。故事中，烏魯克（Uruk）國王吉爾伽美什與親愛的同伴恩奇杜（Enkidu），在美索不達米亞神祇美麗超凡的世界中，旅遊行經一片雪松樹林。他們砍下聖樹，卻遭到洪巴巴（Humbaba）這個神祇攻擊。吉爾伽美什殺了洪巴巴，但恩奇杜也隨即中詛咒而死亡。在不同版本的故事裡，森林的位置也不同。在早期版本中，可能是伊朗、伊拉克和土耳其邊境的札格羅斯山脈（Zagros Mountains），而在之後轉述的版本中，則是黎巴嫩。總而言之，這些巨樹很可能是黎巴嫩雪松（*Cedrus libani*）。

# 5月16日

## 「隧道」吊燈樹

The 'Drive-Thru' Chandelier Tree

美國

說來奇怪，不知為何有人會想開車鑽過一棵樹，但總之這棵北美紅杉（*Sequoia sempervirens*）是十九世紀末和二十世紀初少數有隧道穿過的樹。這棵樹因為樹形而得到吊燈樹之名。1937年，查爾斯·安德伍德（Charles Underwood）替它改頭換面，為遊客創造了拍照的商機，以刺激新興的開車渡假產業。這棵北美紅杉至今仍是加州萊格特（Leggett）的隧道樹木公園（Drive-Thru Tree Park）的主要景點，而且仍然由安德伍德家族擁有及經營。

民眾對老樹的道德敏感度改變了，現在聽到「開車穿過老樹」時都會不以為然，不過，吊燈樹以新鮮觀光景點的身分存活了八十年，並且成為北美紅杉的親善大使。

## 冥府 Nether

**史丹利・唐伍德（Stanley Donwood, 2013）**

2017年，唐伍德的〈冥府〉在薩莫塞特郡的巴斯市（Bath），以街頭藝術的形式展示。

英國藝術家兼作家史丹利・唐伍德，因為常與湯姆・約克（Thom York）及其電台司令樂團（Radiohead）合作，而廣為人知。1990年代起，電台司令的專輯封面都是由唐伍德設計。樹木是唐伍德作品中反覆出現的主題，他的驚人之作〈冥府〉（Nether）用於宣傳2014年的格拉斯頓柏立音樂祭，並作為2019年羅勃特・麥克法倫（Robert Macfarlane）的暢銷書《大地之下》（*Underland*）的封面。當麥克法倫詢問這個影像的意涵時，唐伍德解釋〈冥府〉是「你看到的最後一個影像。那是剛引爆的核子彈發出的光芒。注視〈冥府〉的時候，大約還有千分之一秒可活，然後血肉就會從你的骨頭上融去」。不過，跟一條狹道的陰影比起來，想必還有許多迎接世界末日的地方更可怕。

## 盆景景觀 Penjing Landscapes

**中國**

水旱盆景結合了水、石頭和活植物，時常加上建築模型和人形。

盆景或盆栽這種中國藝術，是在創造迷你的活地景。日本的盆栽藝術需要辛苦地培育樹木；中國的盆景雖然與此相關，但通常更複雜、更自然主義，有許多都納入了水的要素、模型建築或石頭，來模仿地形，例如山岳、巨石或懸崖。盆景的風格主要有三：「水旱」結合了水、陸地與樹木；「山水」結合岩石和植物；而「樹木」會讓一棵至多棵樹成為焦點。

## 安克威克紫杉 Ankerwycke Yew

**英國**

亨利八世和安．波琳在溫莎森林裡；狩獵成為皇室與貴客們的娛樂、運動與戰鬥訓練。

有一棵古老的紫杉生長在溫莎鎮（Windsor）附近支流的河岸上，一般認為它有兩千五百歲了，十分古老，附近的聖瑪麗小修道院建於十二世紀，亨利二世在位的時期。不過，讓這棵樹出名的是另一位亨利國王：亨利八世的鬼魂。據說，亨利八世正是在這些枝幹下追求了他的第二任妻子安．波琳（Ann Boleyn），甚至向她求婚，而這段婚姻的後果，包括了1534年英國教會與羅馬教會分家，解散修道院，而安．波琳在1536年5月19日被砍了頭。這棵樹也是1215年約翰國王簽署《大憲章》（Magna Carta）的一個可能的地點；另一個地點是河對岸的倫尼米德（Runnymede）的某一處。

## 藍鈴花樹林 Bluebell Woods

英國

在英國，斑駁的陽光穿透一片山毛櫸樹林的嫩綠葉片而灑下，林中遍布藍鈴花。

歐洲許多地方都有藍鈴花的蹤影，藍鈴花樹林茂密耀眼的一片花海，通常被視為英國獨有，因為全球將近五成的藍鈴花都在英國。藍鈴花需要獨特的環境，才能長得那麼茂盛。首先，藍鈴花盛開需要時間。藍鈴花是從塊莖長出，而塊莖會緩緩分裂，讓一叢藍鈴花愈長愈大。

因此，藍鈴花占據新棲地的速度很緩慢，覆滿藍鈴花的林地很可能歷史悠久。藍鈴花偏愛山毛櫸樹林。山毛櫸的夏季樹冠很茂密，限制了地被植物生長，因而減少其他林地植物的競爭。藍鈴花主要是在早春生長，那時樹冠的枝葉尚未長得密集。

## 五月光輝 Maienschein; May-shine

**北歐**

晨光的明亮光芒穿透山毛櫸的幼嫩新葉，令人眩目。

這個古老的字Maienschein是「五月光輝」的意思，出自古日爾曼語，形容耀眼春陽穿透新葉的效果。這個景象所激起的幸福感，因為一年裡只有幾天才看得到它而顯得更強烈。

## 5月22日

### 五蕊柳 Bay Willow

**北歐**

這種小型柳樹時常長成灌木狀，特徵是葉片厚而具光澤，類似月桂（*Laurus nobilis*），但沒有月桂那種強烈的香氣。不過五蕊柳（*Salix pentandra*）開花時，短小的葇荑花序顯然不同於真正月桂一叢叢的金黃小花。五蕊柳原生於北歐和亞洲，喜好潮濕或濕軟的土地，除非人工栽培，否則分布範圍和地中海地區的月桂不常重疊。

## 5月23日

### 歐洲莢蒾 Guelder Rose

**地中海**

歐洲莢蒾（*Viburnum opulus*）是溫帶和地中海林地下層植被中的小型樹木，也是古老棲地的指標。它時常被種在樹籬中，或是當作觀賞灌木，在仲夏綻放一叢叢白花；每一叢花外圍的特大花朵是授粉者的路標，但這大花並不會結果實。秋天裡，鮮紅的果實十分醒目，對野生動物（從授粉昆蟲到吃漿果的鳥類）充滿了吸引力。

## 圖勒之樹 El Árbol del Tule (the Tule Tree)

墨西哥

**上圖**：高大的圖勒落羽松打破了世界紀錄，當之無愧。

**左頁上圖**：五蕊柳的插畫。

**左頁下圖**：野生的歐洲莢蒾在樹籬和林緣長得最好。

墨西哥瓦哈卡州（Oaxaca）郊區的聖瑪麗亞圖勒市（Santa Maria del Tule），長了一棵墨西哥落羽松（*Taxodium mucronatum*），樹圍在世界上所有活樹木之中名列第一。2005年最後一次測量時的直徑是11.42公尺；由於樹幹長出大量板根，使得樹圍達42公尺。這個笨重的巨木可能一開始就是多莖幹，因為大部分墨西哥落羽松的樹圍都不超過3公尺。圖勒之樹絕對很古老，依據生長速度所做出的估測，與當地的薩波特克（Zapotec）傳說內容很接近。傳說中，這棵樹大約在一千四百年前種下，不過有人聲稱樹齡可能更老。

## 〈樹：刻意注意之舉〉

Tree: An Act of Deliberate Noticing

喬．布朗（Jo Brown, 2016）

插畫家喬．布朗在2016年的墨水畫挑戰（Inktober Challenge）中，畫了這一幅細致的墨水習作，簡單題名為：樹。

畫一棵活的樹時，要對它有恰當的關注。若是要畫得好，就必須研究樹的結構和各個表面，這時會注意到從前不曾注意過的各種細節。

插畫家喬．布朗天天作畫，記錄大自然。她說：「這棵高大櫟樹的枝幹在我的花園低垂著。櫟樹吸引大量的野生動物，從櫟實象鼻蟲到旋木雀，灰林鴞到埋櫟實的松鼠。」

## 植物汁液 Sap　北美

優紅蛺蝶熱中於採食富含糖分的液體，例如過熟果實的果汁，以及照片中受損樹幹滲出的汁液。

所有維管束植物都有汁液，這種液體是由化學物質水溶液所組成，包括了植物在光合作用中製造的糖、植物荷爾蒙，以及從土壤或水中吸收而來，或是與共生真菌交換來的其他養分和礦物質分子。一般來說，植物汁液是沿著木質部（xylem）這個管道，從根流到枝幹；再沿著韌皮部（phloem）從葉子流到植物的其他部位。汁液可能是流水狀，也可能很黏稠。汁液中含有糖，是許多昆蟲很喜歡的食物來源，包括蚜蟲和葉蟬這類吸食汁液的蟲子，還有蠅和蝶，但蠅和蝶缺乏尖銳的口器，只能沾或吸吮損傷組織流出的汁液。

## 5月27日

### 銀白楊 White Poplar

歐美

黑楊的樹皮有多黑，銀白楊（*Populus alba*）的樹皮就有多白。銀白楊的另一個特徵是葉片較圓，缺刻不規則，白色的葉背時常映著陽光，使得整棵樹顯得白燦燦。夏末裡，銀白楊更白了，因為雌株受粉的葇荑花會成熟長成毛茸茸的蒴果，彷彿一團團棉花；這種特徵使得銀白楊在美國的俗名又稱為「棉花楊」（cottonwood）。

## 5月28日

### 毒豆樹拱道

Laburnum Tunnel　北威爾斯

這條毒豆樹拱道長五十五公尺，位在北威爾斯史諾多尼亞山區邊界處，康維河谷（Conwy Valley）的博南特花園（Bodnant Garden）。這條拱道由愛德華・米爾納（Edward Milner）設計，並由花園的所有人兼建造者——化學家兼自由派政治家亨利・波欽（Henry Pochin）在1880年託人建造。現在由英國國民信託（National Trust）管理，開放民眾參觀。拱道仍是每年的重頭戲，通常在五月的最後兩週開花。

**右圖**：議會軍士兵審問保皇派的當地人時，沒發現查理就躲在他們頭上。漫畫繪者為約翰·李奇（John Leech），出自吉伯特·亞伯·貝克特（Gilbert Abbott à Beckett）的作品《漫畫英國史》（*Comic History of England*, 1880）。

## 皇家櫟樹 The Royal Oak

**英國**

**左頁上圖**：銀白楊有著白樹皮、白葉子，之後還會結毛茸茸的白色種子，真是三倍的名符其實。

**左頁下圖**：北威爾斯康維河谷的博南特花園。著名的毒豆樹拱道在五、六月最賞心悅目。

在1651年英國內戰期間，未來的國王查理二世在伍斯特（Worcester）的最後一役敗北之後，在什羅普郡（Shropshire）博斯科貝爾莊園（Boscobel House）內一棵櫟樹的樹枝上躲了一天，以避開議會軍隊（圓顱黨，Roundheads）。查理遭到放逐，之後在1660年回到蘇格蘭、英格蘭與愛爾蘭的王位。由於這棵樹扮演了關鍵的角色，從此成為皇權復辟的象徵。皇家櫟樹經常被描繪成有獅子和獨角獸相伴左右；無數酒吧以此為名。查理回歸倫敦的日期選在5月29日，他的三十歲生日當天，這一天被稱為「復辟紀念日」（Restoration Day）或「櫟癭節」（Oak Apple Day）。慶典合併了更古老的傳統，人們會收集並展示粗櫟樹枝，佩戴櫟樹細枝葉或櫟癭，慶祝夏天將至。

# 5月30日

## 〈老橡樹上的黃絲帶〉

### Tie a Yellow Ribbon Round the Ole Oak Tree

**東尼．奧蘭多與黎明合唱團（1973）**

黃絲帶掛在麻州昆西中心（Quincy Center），獻給在伊拉克與阿富汗服役的美國軍事人員。

這首1973年的暢銷金曲，是由厄文．列文（Irwin Levine）和L．羅素．布朗（L. Russell Brown）所創作，並由東尼．奧蘭多（Tony Orlando）與黎明合唱團錄製。歌詞中，獲釋的囚犯寫信給情人，希望對方能給他一個信號，表示歡迎他回來。如果對方希望他回家，就在屋外的樹上綁一條絲帶。如果獲釋者沒看到絲帶，就知道自己不該回來。結局皆大歡喜，主角發現樹上綁的不是一條黃絲帶，而是上百條黃絲帶。從此，樹上的黃絲帶成為家庭或社群渴望離家成員歸來的象徵，不論是犯人、俘虜，或在遠方服役的軍事人員。

# 青剛柳 Osier Willow

**蘇格蘭**

蘇格蘭茂爾島（Mull）卡加利灣（Calgary Bay）附近一隻公馬鹿的柳編雕像。

青剛柳（*Salix viminalis*）是最小型、最強健的一種柳樹，特徵是葉片尖而狹窄，樹形如灌木。青剛柳的生長速度很快，在進行矮林作業之後會爆炸性地生長，因此能經常採收柳條，時常用來製作籃子，或是活的柳編雕像。青剛柳有時會被種在遭重金屬污染的土地，由於它渴望水分和土壤養分，因此也會吸收問題物質（例如重金屬），然後這些物質就可以透過採收柳條的方式而從現場移除。

## 〈心材〉Heartwood

**英國**

行道樹運動期間，尼克．海耶斯醒目的海報傳單出現在謝菲爾德市附近的公車站。

這首詩〈心材〉（Heartwood）是作家兼活動家羅勃特．麥克法倫在2018年寫下的「保護咒」，支持在謝菲爾德市（Sheffield）阻止數千棵行道樹遭到無差別砍伐的運動（另見維農櫟樹，P162頁）。這首詩放棄著作權，允許用任何形式複製，從此之後，它被翻譯成各國語文，並由一些錄音藝術家製成音樂，同時也啟發了一些藝術創作，包括這張由插畫家兼社運人士尼克．海耶斯（Nick Hayes）製作的橡膠版畫傳單。

HEARTWOOD
WOULD YOU HEW ME
TO THE HEARTWOOD, CUTTER?
WOULD YOU LEAVE ME OPEN-HEARTED?
PUT AN EAR TO MY BARK, CUTTER,
HEAR MY SAP'S MUTTER,
MARK MY HEARTWOOD'S BEAT,
MY LEAVES' FLUTTER.
WOULD YOU TURN ME TO TIMBER, CUTTER?
LEAVE ME NOTHING BUT A HEAP OF LOGS,
A PILE OF BRASH?
I AM A WORLD, CUTTER,
I AM A MAKER OF LIFE –
DRINKER OF RAIN, BREAKER OF ROCKS,
CASTER OF SHADE, EATER OF SUN,
I AM TIME-KEEPER,
BREATH-GIVER,
DEEP-THINKER, CUTTER;
I AM A CITY OF BUTTERFLIES,
A COUNTRY OF CREATURES.
BUT MY WORLD TAKES YEARS TO GROW,
CUTTER, AND SECONDS TO CRASH;
YOUR SAW CAN FELL ME,
YOUR AXE CAN BRING ME LOW.
DO YOU HEAR THESE WORDS I UTTER?
I ASK THIS OF YOU –
HAVE YOU HEARTWOOD, CUTTER?
HAVE THOSE
WHO SENT YOU?

# 6月2日

## 格蘭尼特櫟樹 The Granit Oak

**保加利亞**

這棵格蘭尼特櫟樹只剩下一根粗枝還活著，漫長無比的生命就要走到尾聲。

保加利亞格蘭尼特（Granit）村子邊的夏櫟（*Quercus robur*），角逐了世界上最老櫟樹的熱門頭銜，聲勢浩大。依據專家在1982年用生長錐採取的樣本計算年輪的結果，估計這棵櫟樹可能萌芽的時間是西元345年，因此2021年的樹齡是1676歲。以樹齡那麼高的樣本而言，這棵樹意外地高大，不過一側的樹枝大多已枯死，目前依賴人工支撐。

## 紫葉歐洲山毛櫸 Copper Beech

**蘇格蘭**

維多利亞女王在蘇格蘭珀斯郡德拉蒙德堡（Drummond Castle）花園內，所種下的一棵歐洲山毛櫸。

歐洲山毛櫸的這個突變型最早的紀錄，是1680年自然生長在圖林根邦（Thuringia，今日德國的一部分）的波森瓦德（Possenwald）森林中，後來成為一個熱門的栽培種，廣泛種植在世界各地的公園與花園。紫葉歐洲山毛櫸（*Fagus sylvatica f. purpurea*）會產生過量的花青素色素，導致葉片呈現深紅色，不過，春天時的葉片一開始是綠色的，夏末時也會轉成深綠色。紫葉歐洲山毛櫸在十八世紀中葉引入英國，似乎深受景觀設計師韓福瑞．雷普頓（Humphry Repton）的喜愛，出現在他設計的許多公園地的場景中。

## 6月4日

### 甜櫻桃 Wild Cherry
北美

甜櫻桃（*Prunus avium*）一年四季都賞心悅目。四月裡，甜櫻桃綻放迷人的白色花朵，然後在秋天展現誇張的紅潤葉色，冬天則有脫皮而帶光澤的樹幹。野外的甜櫻桃通常沿著林緣生長，彷彿刻意種在那裡，但這其實是甜櫻桃喜愛陽光的自然結果。野生的甜櫻桃樹會產生大量的紅、黃、黑色果實，尺寸比栽培的品種小，沒那麼甜，但仍然可以食用，非常適合拿來做餡餅。甜櫻桃樹的木材顏色濃郁，十分美觀，很受車床木工和家具木工的歡迎。

野生的甜櫻桃不像栽培的櫻桃那麼甜，但仍是值得採食的甜美點心。

## 〈戴德姆水閘磨坊〉Dedham Lock Mill

約翰．康斯塔伯（John Constable, 1820）

約翰．康斯塔伯的悲傷畫作提醒觀眾，失去英國榆如何改變了地景。

英國大部分的鄉間已經不是從前的模樣，甚至連在世的人都看得出不同之處。樹籬縮水，都會區擴張，工業、運輸與能源設施發展，名列二十世紀中葉以來最明顯的改變，不過最悲慘的恐怕是成熟英國榆壯觀的剪影消失了；英國榆曾是醒目程度僅次於櫟樹的闊葉樹。英國榆（*Ulmus procera*）雖然嚴格說來不是原生種，不過確實從青銅器時代起，就構成英國的風景，但它們因為荷蘭榆樹病而消失，實在是舉國同悲。有幾個組織正在努力培育抗病的品種，有些是雜交繁殖的成果，有些從對感染有不同自然復原程度的倖存英國榆栽培而得。

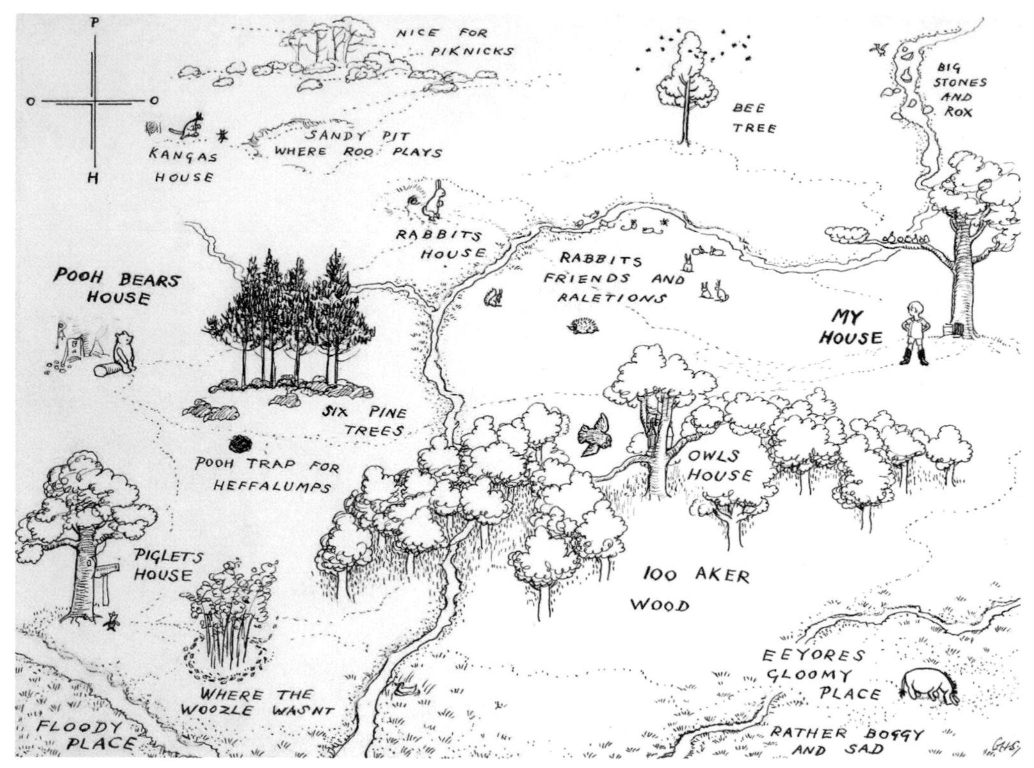


# 百畝森林 The Hundred Acre Wood

**英國**

E．H．謝培德原版的素描，為克里斯多夫．羅賓和朋友們描繪了一個冒險世界。

作家A．A．米恩（A.A. Milne）筆下的童話名著《小熊維尼》（*Winnie the Pooh*），其場景是根據實際存在的地方：英國南部的東薩塞克斯的亞士頓森林（Ashdown Forest）。這座森林現在屬於「維爾德地帶傑出自然風景區」（High Weald Area of Outstanding Natural Beauty）的一部分。那群歐洲赤松因為E．H．謝培德（E.H. Shepard）的插畫而為數百萬人耳熟能詳，卻因為周圍石楠原受到的放牧壓力減輕而改變，不過這裡仍然有種獨特的氛圍，彷彿克里斯多夫．羅賓（Christopher Robin）、維尼熊、小豬皮傑、跳跳虎、貓頭鷹、小毛驢屹耳、兔子瑞比、袋鼠媽媽和小荳剛踏上冒險的旅程，隨時就要回來喝茶了。

## 木塊莖 Lignotuber

北美

樹瘤和木塊莖使得木材紋理扭曲，造成有趣的螺旋，因此受到木工青睞。

木塊莖又稱為「根領」，是一些樹木在樹幹基部或地面下出現木材膨大的情形。通常見於經常遭火燒的樹種，包括年輕的栓皮櫟、幾種澳洲桉樹和紅血桉、樟樹與北美紅杉。北美紅杉的根領樹瘤是已知最大的自然木質結構之一，直徑可達十二公尺。木塊莖是迅速再生的點，能快速取得儲存的澱粉，供應植物能量，直到植物再度開始進行光合作用。

# 維農櫟樹 Vernon Oak

英國

2017年，維農櫟樹面臨不必要的砍伐，謝菲爾德市的樹木運動人士基斯・迪肯（Keith Deakin）在一場抗議活動中刻下他的維農櫟樹橡膠版畫。

謝菲爾德市的街道有著成千上萬的成熟樹木夾道，是英國最綠意盎然的城市之一。但市議會不智地簽下合約，讓一家私人公司維護街道之後，數以千計的行道樹面臨砍伐的命運。而郊區多爾（Dore）一棵150歲的老櫟樹成為拯救行動的象徵。

2012年起的七年間，一場衝突愈演愈烈，居民大多從未考慮參加任何形式的行動主義，卻斷然反抗議會、承包商和警方，新聞鬧上國際。他們設立維農櫟樹的推特帳號，是為了分享活動的最新消息，直到活動成功落幕，一致同意建立新的樹木評估維護系統。維農櫟樹和數千棵其他健康的樹，多虧了熱情、堅決而充滿創意的人類鄰居，逃過一劫（另見〈心材〉，P154-155）。

樹木是大地在天上寫的詩。
我們砍倒樹木，把樹做成紙，記錄我們的空虛。

——赫利勒·紀伯倫（Khalil Gibran, 1883–1931），
黎巴嫩裔美國詩人

# 6月10日

## 小側柏精靈樹

Manidoo-giizhikens or Little Cedar Spirit Tree

美國

這棵古老又有點噱頭的北美側柏（*Thuja occidentalis*），又稱為「巫婆樹」，生長在明尼蘇達州的帽子角（Hat Point），俯望蘇必略湖。當地屬於奧吉布瓦人（Ojibwa）的傳統領域，也是聖地，他們在跨越蘇必略湖之前，會在這裡留下祭品（傳統上是菸草）安撫精靈，以免精靈在湖上掀起暴風雨或害人落入險境。這棵樹的樹齡至少三百歲，由於位置裸露，岩石露頭上缺乏空間讓樹根生長，因此成為自然成形的盆栽。

小側柏精靈樹的樹根深深鑽進岩縫，只能勉強存活，量入為出，生長緩慢而明智。

## 空心木 Hollow Log

**美國**

在南內華達山脈圖拉爾郡（Tulare County），一截龐大的中空原木至少兩百年來都是當地的地標。

沒人知道這棵世界爺（*Sequoiadendron giganteum*，又稱巨杉）是何時倒下的，不過時間遠早於1856年，當時是圖爾河（Tule River）印地安戰役期間，這根樹幹寬敞的空洞被士兵當作基地。在那之前，這棵世界爺已經是原住民約庫特人（Yokut）知名的地標和棲身處。1885年，當局買下了這截原木和它所倒臥的那片土地（現在成為加州的巴爾奇公園〔Balch Park〕），其中包括了一整片世界爺樹林，後來成為觀光景點。原木破損的那一頭，為了保持清潔而被鋸掉，之後再用鋼筋包起來，提高結構穩固的完整性。這截原木仍然完好無損，人還能在上面行走、鑽過其中，見證這棵樹在了不起的一生中長出體積驚人的木材。

6月12日

## 被劈成兩半的截頂鵝耳櫪 Split Hornbeam Pollard

**英國哈特菲爾德森林**

這棵劈開的鵝耳櫪雖然大部分的樹幹都不在了，但仍存活下來，因為木材外層的木質部和韌皮部仍在運作，能通導水分和養分。

這棵樹在乍看之下是一對樹木緊挨著彼此而生長，其實是高齡老樹的樹幹裂開，心材早已腐爛。灌木角平原（Bush End Plain）上的這棵樹，就像艾賽克斯郡（Essex）哈菲爾德森林（Hatfield Forest）裡歷史悠久的公園景觀中許多樹木一樣，雖然樹齡頗高，仍然被反覆修剪（在頭部附近修剪），刺激生長旺盛的樹木萌芽。以這種方式管理的樹木，比較不會因頭重腳輕而倒下，因此能活到高齡——只要樹幹撐得下去就行了。哈特菲爾德森林現在由國民信託和一座自然保留區管理，是英國皇家狩獵森林最完好如初的例子。

## 金迪奧蠟棕櫚 Quindío Wax Palm

哥倫比亞

這些壯觀樹群的樹幹上保護性的蠟質層，曾經用於製作蠟燭和肥皂。

金迪奧蠟棕櫚（*Ceroxylon quindiuense*）是最高的棕櫚樹，也是世界上最高的單子葉植物。它是哥倫比亞的國樹，原生於安地斯山脈咖啡產區的山地森林。最高的樣本高達六十公尺，樹幹相對纖瘦，完全無側枝，更顯得樹高驚人。

# 阿克塞爾・爾倫森的馬戲樹

## Axel Erlandson's Circus Trees

美國

西元1947年，一個不尋常的觀光景點在加州蘇格蘭谷地開張了。

馬戲樹是流亡的瑞典裔美國園藝家阿克塞爾・爾倫森（Axel Erlandson）的作品，他利用扦插和修枝，讓樹生長出非凡的外形。其中有二十四棵樹生長在加州的吉爾羅伊花園家族主題公園（Gilroy Gardens Family Theme Park），其他則以枯木的形式保存，在聖克魯茲美術與歷史博物館（Santa Cruz Museum of Art）和巴爾的摩美國視覺藝術博物館（American Visionary Art Museum）展示。

吉爾羅伊花園的馬戲樹，樹形千奇百怪，是創作者嫁接、編結且不懈地修枝的成果。

## 拉艾埃德魯托的紫杉 La Haye-de-Routot Yews

法國

老樹的樹洞一向被視為心靈和實質的庇護所。

法國西北部村莊拉艾埃德魯托（La Haye-de-Routot）的兩棵紫杉神木，一般認為樹齡有一千到一千三百歲。這兩棵紫杉都有樹洞，一個樹洞裡是聖母堂，另一個是聖安妮的小禮拜堂。它們在2015年受到更廣泛的關注，當時一棵樹生病了，專家分析樹葉的結果，發現那棵樹遭到蓄意破壞，被灑上農藥嘉磷塞（glyphosate）。當地居民成立了一個社群團體，以保護並頌揚這兩棵紫杉，現在兩棵樹都受到更嚴密的看顧。

## 「有棵柳樹斜長在小溪邊……」
## 'There is a Willow Grows Aslant a Brook...'

柳樹時常直接長在河岸上，樹根斜向生長，所以柳樹經常斜斜地傾向水面上方，有時會垂落河中。莎士比亞的《哈姆雷特》（*Hamlet*）捕捉到這種特性，奧菲莉亞（Ophelia）遭到王子拒絕而發瘋，從那樣的柳樹上跌落溺水，哈姆雷特的母親歌楚德（Gertrude）王后報告道：

有棵柳樹斜長在小溪邊，
灰白葉片流淌粼粼水中；
她帶著奇美的花環而來，
其上有剪秋羅、蕁麻、雛菊與雄蘭，
妄為的牧羊人將雄蘭取名粗俗，
但採摘雄蘭的淑女矜持：
她的野草花冠掛於枝條。
攀爬掛上時，一根嫉妒的銀枝斷裂了；
她的草冠與她雙雙墜下
落入潺潺溪水。衣衫敞開；
一時帶她浮起宛如人魚：
她吟唱著老調子的片段；
彷彿無法感知自身的苦難，
或像水中生物習於其中：
卻無法長久抵擋水的侵襲，
最後衣衫因吸飽溪水而變得沉重，
將可憐人從她悅耳的漂盪，
拉向泥濘的死亡。

——《哈姆雷特》第四幕第七景，威廉．莎士比亞（約1599年）

這個畫面時常有畫家描繪，不過最精緻的莫過於前拉斐爾派的約翰．艾佛雷特．米雷（John Everett Millais），據說他發現薩里郡的霍格斯米爾河（River Hogsmill）的背景地點，居然還有垂下的柳樹時，喊道：「看啊！事情還能更完美嗎？」

〈奧菲莉亞〉，約翰．艾佛雷特．米雷爵士繪，油畫（1851-1852）

## 單車樹 The Bicycle Tree

**蘇格蘭**

一般認為這棵樹可以追溯到十九世紀末，陷入其中的金屬不曾對樹幹造成任何不良影響。

在蘇格蘭史特靈市（Stirling）附近的布里格特克村（Brig o' Turk），這棵自我播種的洋桐槭（*Acer pseudoplatanus*）在村裡鐵匠棄置的一堆廢棄物之間成長茁壯，據說成長過程中吞下了各式各樣的金屬物體，包括一只船錨與鏈條，以及一輛單車。這輛單車是被一名當地人掛在這棵洋桐槭的一根枝幹上，他被徵召入伍參與第一次世界大戰，後來不曾回來取走單車。現今只看得到這輛單車寬大的老式車把手和部分車架。2016年，這棵樹因為歷史與地標意義而受到保護。（另見P178的飢餓樹。）

## 希波克拉底之樹 Tree of Hippocrates

**希臘**

希臘科斯島一棵高大的懸鈴木，標誌了西方醫學教育的發源地。

科斯島的希波克拉底（Hippocrates of Kos，大約西元前460-370年）是希臘醫師兼教師，也是公認的醫學之父。他是最早認為疾病是自然生物現象，可以治療（而不是神祇的意志或超自然病痛）的西方思想家之一。希波克拉底在科斯古城的一棵懸鈴木下教學，現在那裡被稱為「懸鈴木廣場」（Platia Plantanou）。現今站在那個地點的是一棵法國梧桐（*Platanus orientalis*），樹齡大約五百歲，據說是原本那棵懸鈴木的後代（註：梧桐為懸鈴木屬的植物）。由這棵樹的種子和插條培育成的樹木，被分送到世界各地，種在許多教學醫院和大學校園裡，包括耶魯大學和格拉斯哥（Glasgow）大學。

# 兩百週年變色桉

Bicentennial Karri Tree

澳洲

變色桉（*Eucalyptus diversicolor*）是世界上最高的樹種之一，這棵壯觀的變色桉生長於澳洲西南部，在生物多樣性豐富的森林中是關鍵物種。偶爾發生的林火似乎對變色桉有益。林地上，枯枝落葉逐漸累積成厚厚的一層，而林火會釋出困在其中的養分。變色桉非常耐火，消防員時常在變色桉上安裝裝置，方便攀爬上去，以當作瞭望站。1988年，位在西澳沃倫國家公園（Warren National Park）的這棵75公尺高的變色桉，為了紀念澳洲兩百週年（註：第一批英國囚犯船在1788年來到澳洲），裝設了一百六十五根水平的金屬釘，做成螺旋狀的階梯，可以讓人爬上瞭望平台。想冒險的遊客都能爬上大樹頂端……

無畏的遊客爬上西澳沃倫國家公園的戴夫．埃文斯（Dave Evans）兩百週年樹。

# 6月20日

過汝人生，
老與少壯，
如彼櫟橡，
春日燦燦，
鮮活金黃；
夏日茂密，
轉眼卻見，
秋日丕變，
葉色素淨，
金黃再現。

樹上枝葉，
終將落去，
看他屹立，
樹幹粗枝，
純粹之力。

——〈櫟樹〉（The Oak），
阿弗列・丁尼生男爵（Alfred, Lord Tennyson, 1889）

成熟的夏櫟在任何季節都顯得耀眼奪目，在原生地的文化中成為力量的象徵。

## 6月21日

### 櫟樹王 The Oak King

**英國**

櫟樹王是綠人和基督教前歐洲宗教裡長角的森林之神原型的重新敘述，和祂的另一個自我——冬青王（Holly King）掀起周而復始的戰爭（見P354）。櫟樹主宰了一年中溫柔光明的月份，在冬天象徵性地讓位給冬青。

## 6月22日

### 凱薩之樹 Caesarsboom

**比利時**

比利時小鎮——洛鎮（Lo），一棵紫杉佇立在十四世紀時建造的鎮門口旁邊，樹齡比曾經包圍整個鎮的圍牆更古老。

依據當地傳說，西元前55年，羅馬皇帝尤利烏斯．凱撒（Julius Caesar）在前往英國的旅程中曾在這裡停留，並把馬拴在這棵樹旁，坐在樹下打盹。雖然沒有記載證實凱薩曾經到過這裡，不過附近的道路確實可追溯到羅馬占領時期，那棵樹的年紀可以確定有那麼老。

# 德魯伊 Druids

## 古英國

**上圖**：十九世紀想像中的德魯伊儀式。

**左頁上圖**：綠人有許多形象，夏日的櫟樹王只是其中之一。

**左頁下圖**：這棵老紫杉的名字背後的傳說雖然未經證實，根源卻能追溯到羅馬時代。

德魯伊（druid）是一種祭司和知識分子的階層，統一了古英國許多不相關的凱爾特部族。德魯伊扮演許多角色，包括薩滿、治療師、精神領袖、教師和口述歷史的保存者。德魯伊把櫟樹視為自然的神聖要素（這在基督教出現之前的歐洲十分常見），或許是因為各式各樣的生命形態都依賴櫟樹而活。就連「德魯伊」（druid）這個詞，據說也是來自drys（櫟樹）和wied（知識）這兩個字根。羅馬占領時期，系統性地消滅了英國的德魯伊，許多神聖樹叢遭到摧毀，不過其他則融入了基督教傳統，而近幾個世紀來，德魯伊信仰正享有多次浪漫的復興與再創造。

## 6月24日

## 飢餓樹 The Hungry Tree

**愛爾蘭**

在都柏林的國王法學院（King's Inns）周圍的高雅公園裡，有個古怪不雅的奇觀正以慢動作上演。一棵相對比較年輕的英國梧桐（*Platanus* × *hispanica*）最早在西元1900年種下，已經吞沒了一把老舊長椅的大部分；但這棵英國梧桐本來該為這把長椅遮蔭才對。生長相對迅速的樹幹似乎在長椅周圍流動，而長椅不再能讓人舒服地坐著，變成一個另類的觀光景點。

## 6月25日

參天櫟樹
始於小苗。

——傑弗瑞．喬叟
（Geoffrey Chaucer），
《崔洛斯與奎西妲》
（*Troilus and Criseyde*, 1374）

**上圖**：非凡的超級樹展現了新加坡對都會自然的獨特先進態度。

**左頁上圖**：愛爾蘭都柏林國王法學院裡的飢餓樹與長椅。

**左頁下圖**：喬叟的崔洛斯與奎西妲在1995年的一張英國郵票上接吻。

# 超級樹 Supertrees

## 新加坡

新加坡中部有一座遼闊的都會自然公園——濱海灣花園（The Gardens by the Bay），擁有多處濱水區、世上最大的溫室、室內雲霧森林，以及超過100公頃的遊憩空間，一年的遊客通常超過五千萬人次。不過，這裡最受到全球認同且成為這座城市國家標幟的，是18棵「超級樹」。這些人工結構高達25公尺到50公尺，結合垂直花園和平台，發揮了真實樹木的部分功能，白天提供遮蔭，吸收太陽能；夜裡則有繽紛的燈光秀。

## 猛瑪樹 The Mammoth Tree

美國

倒下的猛瑪樹樹幹旁，有一間茶館就建在猛瑪樹的樹樁上方。茶館早已不存在，不過遊客仍可以到卡拉維拉斯大樹州立公園參觀樹樁和樹幹。

卡拉維拉斯大樹州立公園（Calaveras Big Trees State Park）的巨木令遊客驚歎，它們的樹齡已超過150歲。其中一棵被稱為「猛瑪樹」（Mammoth Tree），是樹齡144歲的高大世界爺（*Sequoiadendron giganteum*），樹高90公尺，是當時已知最巨大的樹。1853年6月27日，猛瑪樹被砍倒，之後鋸斷樹幹的作業長達三週。「森林之母」（Mother of the Forest）的規模也差不多，在一年後遭遇同樣的命運。後來，這附近蓋了一家飯店，一群群遊客在猛瑪樹殘存的樹樁上舉行茶舞會，而砍下來的樹幹則被用來蓋保齡球館。砍樹所激起的義憤，最後在群眾意識間蔓延開來，成為設立自然保護區以及國家公園誕生運動的一個因素。

## 銳葉木蘭 Cucumber Tree

葉門

索科特拉島上的銳葉木蘭現在受到保護，限制了不具永續性的作法：在旱季把銳葉木蘭的多汁樹幹當成緊急的動物飼料。

葉門的索科特拉島充滿驚奇，銳葉木蘭（*Dendrosicyos socotranus*）是島上另一個奇異的特有種（另見P87的瓶子樹，與P352的龍血樹），它的英文俗名直譯為「黃瓜樹」（cucumber tree），是因為同屬於葫蘆科，而不是因為樹幹形狀膨大飽滿。其他地方也有具相同俗名的其他樹種。

*6*月*29*日

## 樹頭值幾金 A Price on its Crown

**英國**

寶貴的懸鈴木妝點了倫敦最富盛名的地點——伯克利廣場的綠化空間。這幅水彩畫由伊迪斯．瑪麗．嘉納（Edith Mary Garner）繪。

為樹木標價，感覺很唯利是圖，不過這麼做卻可能是保育的好辦法。2008年，倫敦的樹木專家做了行道樹的名冊，在名冊中為樹木標價以保護樹木，以免為了保護其他資產（例如道路和建築）而砍樹。估價過程考量到樹木的大小、狀況、歷史意義與公益價值。肯辛頓（Kensington）、切爾西（Chelsea）和西敏（Westminster）這些著名行政區的幾棵樹，評估價值超過五十萬英鎊，不過梅菲爾區（Mayfair）伯克利廣場（Berkley Square）的行道樹拔得頭籌，一棵特別高大的英國梧桐（*Platanus* × *acerifolia*）就價值七十五萬英鎊。

## 歐洲白蠟樹 Ash　英國

歐洲白蠟樹的樹葉輕而呈羽狀，在歐洲廣大的闊葉樹中顯得與眾不同。

歐洲白蠟樹（*Fraxinus excelsior*）是英國和歐洲最常見的大樹，特徵是樹形優雅、樹冠圓拱，葉片輕巧，會隨著最輕柔的微風而動，投下美麗斑駁的樹影。歐洲白蠟樹的葉子是複葉，小葉七到十三枚，除了頂端那枚小葉之外都是對生。到了秋季，葉子在顏色仍綠時就會脫落。木材的顏色較淡，紋理通直，強度驚人，能承受極大的重量和衝擊，因此是工具、運動器材、家具和馬車的理想用材。現在，白蠟樹被仍用來製作經典摩根（Morgan）汽車的車架。白蠟樹膜盤菌（*Hymenoscyphus fraxineus*）造成的枯梢病，預計將導致三分之二的白蠟樹死亡，對分布地的景觀將造成深遠的衝擊；影響最劇的非英國莫屬，歐洲白蠟樹的重要性僅次於櫟樹。

## 7月1日

當一個人種下了深知自己用不到的遮蔭樹，
至少就開始發掘人類生命的意義了。

——D・埃爾頓・杜魯伯（D. Elton Trueblood, 1900-1994）
美國貴格派教徒兼神學家

## 皇家櫟樹之子與孫 Son and Grandson of Royal Oak

**英國**

在什羅普郡博斯科貝爾莊園，受到精心照料的櫟樹，是原本查理二世皇家櫟樹的後代。

英國君王復辟之後的幾年間，什羅普郡博斯科貝爾莊園附近的那棵櫟樹（據說在1651年伍斯特之役後，查理二世躲避圓顱黨軍隊所藏身的那棵樹），成為早期的觀光景點。那棵樹死於十八世紀，很可能是紀念品蒐集者切下枝條而造成損傷的結果。照片中這棵樹生長在那棵櫟樹的原址，樹齡大約300歲，據說是那棵樹的直系後代（另見P151的皇家櫟樹）。為了確保能延續這棵樹的後裔，另一位查理——威爾斯親王於2001年在一旁種下了「兒子」的櫟實，並長出第三棵樹。

## 7月3日

### 最北邊的樹
Northernmost Trees

落葉松（*Larix gmelinii*）是世上最北方的森林——東北西伯利亞森林裡唯一生長的樹種。落葉松在超過北緯七十二度以北的地方，仍然能直立生長；隨著森林讓路給凍原，落葉松低伏的樹形構成一部分的地被植物。最北的例子出現於泰梅爾半島（Taymyr Peninsula），北緯73° 04' 32"之處。在那樣的地方，生長季縮減為一百天，從九月底到隔年六月都是冬天，氣溫降到低達攝氏零下七十度。

## 7月4日

### 遠遠樹 The Faraway Tree

三個孩子來到位於神祕森林邊緣的新家後，在一棵巨樹的枝幹間參與了一系列的古怪冒險。那裡住著奇異的魔法角色，樹頂上有座梯子通向雲間的一個洞，連接到陌生的地方，其中有好有壞，而那些地方過一陣子就會移動。多產作家伊妮·布萊敦（Enid Blyton）筆下的故事，在寫下之後超過八十年，仍繼續讓小書迷看得如痴如醉。

**上圖**：斯波德科普蘭（Spode Copeland）的柳樹圖樣瓷器。

**左頁上圖**：俄國的亞馬爾半島（Yamal Peninsula）擁有世上最北邊的直立樹木。

**左頁下圖**：伊妮・布萊敦的遠遠樹系列在推陳出新中存活下來，至今仍然古怪迷人。

# 柳樹圖樣 Willow Pattern

**英國**

十八世紀末，英國瓷器的中國風（Chinoiserie）設計，正逢特倫特河畔的斯多克（Stoke-on-Trent）瓷器大量生產的新技術趨於完美之時。最著名的藍白設計元素，現今稱為柳樹圖樣（美國稱為青柳），仿自中國進口的真跡，包括水邊庭園和涼亭、果樹、柳樹、渡橋的人影、遠方小島和上方的兩隻燕子。各家陶瓷廠使用了各式各樣的組合。這些組合最早用於1790年斯波德（Spode）公司製作的陶瓷器，不過很快就普遍生產各種版本，從此以後一直廣受歡迎。這種設計有個故事，其內容是門不當戶不對的悲慘戀人想要私奔，但最後被逮到並雙雙遇害。

## *7*月*6*日

## 洋桐槭 Sycamore
歐洲

洋桐槭的學名為*Acer pseudoplatanus*，原產於南歐、東歐和中歐，是壯觀的槭樹，廣泛引進其他地方，成為歸化植物。洋桐槭常被用作遮蔭樹種來種植，不過因擴散迅速，因此名聲不太好，尤其是它們的落葉在地面上通常會變得爛糊滑腳，在小路、道路和鐵路上造成問題。洋桐槭的果實帶有兩道翅膀（翅果），啟發了各式各樣的兒童遊戲，而它的木材紋理細致、淡色無氣味，非常適合雕刻和製作廚房用具。此外，洋桐槭對蚜蟲有很強大的魅力，因此在引進的地區，對於昆蟲數量有很大的貢獻（不過對昆蟲多樣性恐怕無益）。

洋桐槭是優雅而充滿個性的樹，在相對潮濕的溫帶氣候中生長茁壯。

# 巴斯克牧人的雕刻

Basque Shepherds' Carvings

美國

牧羊人的生活通常很孤單，尤其是在離家遙遠的世界另一頭；十九世紀末、二十世紀初，數百名巴斯克（Basque）男人離開位於庇里牛斯山的家鄉，前往美國加州和奧勒岡州，正是這種情形。他們許多人養成習慣，在楊樹平滑的樹皮上寫字或塗鴉，留下的痕跡隨著時間而顏色加深、膨脹。目前，人們已經為超過兩萬個這類的樹木雕刻建檔，由於這些被塗寫的樹木現在逐漸衰老死去，因此記錄這些文字與塗鴉的工作變得刻不容緩。許多文字描述女性，並且喚起牧人生活的寂寞、無聊與困乏，有的帶著酸楚，有的令人臉紅心跳。

刻了字的楊樹樹幹，反映了二十世紀初在奧勒岡州史汀斯山（Steens Mountain）工作的無名巴斯克牧人的渴望。

## 皮蘭吉腰果樹 Cajueiro de Pirangi

巴西

一片如海般的枝葉，全都屬於一棵樹——世界上最高大的腰果樹。

沿著巴西的北皮蘭吉（Pirangi do Norte）聖塞巴斯提昂大道（Avenue São Sebastião）往東南方向行駛，很容易覺得自己正經過一叢茂密的灌木。但其實，幾乎整個街區廣達八千八百平方公尺的土地，都籠罩在一棵腰果樹（*Anacardium occidentale*）下。這棵樹的樹形特別往外延伸擴張，並因下方枝條垂到地上，長出自己的根，進而繼續向外生長。這棵樹的產量很高，每年生長八萬顆果實，每顆肉質果實內都有一顆我們熟悉的腰果「堅果」，但腰果沒有堅果殼，其實是一顆種子。

# 赤桉 Red River Gum

澳洲

新南威爾斯州內陸地區，達令河（Darling River）乾旱的支流兩岸站著巨大的赤桉。

赤桉（*Eucalyptus camaldulensis*）的樹幹上巧妙剝落的淡色樹皮，使得它成為澳洲內陸的標誌，不過赤桉也是生態關鍵物種。赤桉樹叢是週期性泛濫或附近有水源（即使看不到）的跡象。赤桉時常與沖積平原和乾涸河流有關，它的樹幹能利用甚少出現在地面的地下水源。此外，赤桉的枝幹與樹洞為負鼠和鸚鵡等各種動物提供家園，腐爛的葉片讓土壤更肥沃，樹根則穩固河岸，能固定肥沃的淤泥，為幼魚提供棲身處。

## 氣生根 Aerial Roots
亞洲

這棵茁壯的小榕樹一開始藉著寄主樹木的結構提供支持，但小榕樹靠著數百條氣生根，很快就能征服寄主樹木。

氣生根全長都在空氣中，而不是土中或水中。氣生根時常是不定根（adventitious），從植物根部之外的地方萌發出來。有些樹木（例如榕樹或絞勒植物）一開始是附生於其他植物的表面，一旦這些樹的氣生根長到地面上，形成支持性的支柱，便具有樹幹的功能。

## 生命之樹 Shajarat-al-Hayat

巴林

生命之樹嫩綠外貌的祕密，來自龐大的根系，一般認為它的根系至少在砂地中向下延伸50公尺。

每年都有成千上萬名遊客造訪煙霧山（Jabal al-Dukhan），這裡是巴林島（Bahrain）的制高點。遊客不只是來欣賞風景，也是為了觀賞附近樹高9.7公尺、朝四方延伸的牧豆樹（*Prosopis cineraria*），它的樹齡已遠遠超過四百歲。這棵樹的獨特之處不在於樹齡或樹高，而是因為孤立，而且能獨自生存於極其孤寂、暴露且終年難得下雨的沙漠中。依據當地傳說，這是伊甸園的遺蹟，近年來考古研究挖掘出的陶器與其他文物，則可以追溯到五百年前，顯示這個位址早在牧豆樹誕生之前已具有重要性，而牧豆樹可能是刻意種下的。

# 7月12日

**右圖**：2004年，旺加里·馬塔伊因為對永續發展與民主的貢獻，獲頒諾貝爾獎。

**右頁上圖**：一棵孤單的土耳其松，妝點了土耳其加里波利半島的一次大戰澳紐軍團墓地。

**右頁下圖**：威廉·莫里斯所繪的〈柳樹枝〉。

我們種下樹木時，
種下的是和平與希望的種子。

——旺加里·馬塔伊（Wangar Maathai, 1940-2011）
肯亞政治與環境運動人士

## 7月13日

### 孤松 Lone Pine

土耳其

第一次世界大戰時，澳紐軍團（ANZAC）在土耳其加里波利半島（Gallipoli）與鄂圖曼帝國對抗一整年，而孤松之役（The Battle of Lone Pine）是最重大的衝突之一。

這場戰役之名取自於戰役起始地的一棵土耳其松（*Pinus brutia*），而其他土耳其松都被砍下來，用來建造並掩蓋土耳其的戰壕。

## 7月14日

### 〈柳樹枝〉 Willow Bough

威廉．莫里斯

（William Morris, 1887）

這款〈柳樹枝〉是熱門不衰的壁紙設計，由十九世紀的英國設計師、作家兼社會運動家威廉．莫里斯所繪製。莫里斯從1871年開始，直到1896年過世時，都居住在凱姆斯科特村（Kelmscott）不遠處的牛津郡巴斯考特水閘（Buscot Lock）附近，泰晤士河上游的低垂柳樹給了他靈感。

*7*月 *15*日

## 威斯特曼森林

Wistman's Wood

英國

威斯特曼森林位在德文郡達特穆爾（Dartmoor）地區的高處，以其中古老皺縮的樹叢聞名，尤其是矮小的岩生櫟，由於海拔高、所在處暴露，因此限制了這些植物的生長。樹林裡及其周圍的樹木、岩石和其他表面，都覆滿了苔類、地衣和蕨類，表示當地空氣乾淨，雨量充足，讓那片風景染上神祕的特質。

岩生櫟要是長在別處，可能是高大壯觀的樹，但在威斯特曼森林的岩坡上，它們卻生長得緩慢踏實，並因為抵擋刺骨強風之故，造成樹形低矮扭曲。

一些版本的羅賓漢傳奇中提到的林肯綠（Lincoln green）布料，是使用兩種植物染料，並以兩道程序染製。其中，菘藍（blue woad）來自十字花科的一種草本植物；木犀黃（yellow weld）則是用染料木製成。

# 雪伍德森林 Sherwood Forest

**英國**

古老的「雪伍德」森林曾經占地龐大，是個實際存在的地方，但它的赫赫名聲主要是靠一位可能不曾存在的傳奇不法之徒。儘管如此，每年平均仍有數十萬名遊客造訪這座森林。現代版本的羅賓漢似乎融合了各種角色與傳說，但在十三世紀的民間故事裡，羅賓漢（Robin Hood）已經是英雄，當時雪伍德森林覆蓋了四分之一的諾丁罕郡，並且延伸到德比郡。其他早期的文獻記載，羅賓漢住在約克郡，或在英格伍德森林（Inglewood Forest），即今日坎布里亞郡所在的地方。不過，他與樹林的關聯相當一致，在追溯到十六、十七世紀的一些故事中，這個不法之徒的名字不是「漢」（Hood），而是「林」（Wood）。

## 百夫長樹 Centurion
### 塔斯馬尼亞

大王桉（*Eucalyptus regnans*）是世上最高的樹種之一。塔斯馬尼亞（Tasmania）亞維谷（Arve Valley）的一棵大王桉樣本——百夫長樹（Centurion），與婆羅州的一棵黃肉柳安，競爭著世界上最高開花植物的頭銜（見P39）。測量樹高最準確的方式，是由攀樹師從樹頂垂下量尺。上次進行這種危險作業，是2016年測量百夫長樹，測得的樹高是99.67公尺。兩年後，人們從地面試圖用雷射測量樹高，得到的數字是100.5公尺。這兩個數據的差異，不太可能代表這棵樹真的長高了，但是能看到百夫長樹名符其實（100公尺高），還是很令人欣慰。2019年，這棵樹的樹幹基部因為火燒而空了一部分，不過百夫長樹似乎很能適應這類損害。

大王桉是桉屬的樹木，卻有一些令人混淆的別名：塔斯馬尼亞櫟樹（Tasmanian oak）、沼澤橡膠樹（swamp gum）、黏膠橡膠樹（stringy gum）。

**上圖**：加迪沙山谷的「聖谷」與上帝的雪松林。

**右頁上圖**：怪獸公園（Parco dei Mostri）在當地稱為聖林（Bosco Sacro），位在義大利維泰博省（Viterbo）的博馬佐爾（Bomarzo）。

**右頁下圖**：位於英國林肯郡的鮑索普櫟樹。

## 上帝的雪松林 Horsh Arz ar-Rabb

**黎巴嫩**

占據黎巴嫩北半部的山巒曾經森林遍布，林中樹木似乎在有歷史紀錄之前就備受崇敬（見P139），卻也遭到濫伐。這裡的雪松提供了原料，讓腓尼基人在三千年前建立了第一個大型的航海與海洋貿易文明。雖然後來人們種下了許多雪松，但原本的老齡林只剩下卜舍里縣（Bsharri）的加迪沙山谷（Quadi Qadisha）裡，位在海拔兩千公尺處的一片樹叢。1998年，那座山谷被聯合國教科文組織列為世界遺產。

# 7月19日

## 神聖樹叢 Sacred Groves
古羅馬

羅馬的lucus（複數是luci），指的是有獨特宗教意義的一類林地。Luci 通常是神聖樹叢或空地，時常有特別的樹木和泉水，是舉行慶典、交流與奉獻儀式的地方。確實記載的地點，包括位於伊特魯里亞（Etruria，現今拉齊奧大區的卡佩納〔Capena〕）的菲諾尼亞聖樹叢（Lucus Feroniae），以及佩薩羅聖樹叢（Lucus Pisaurensis，位在現今亞得里亞海的濱海城市佩薩羅）。7月19、20日，人們會在這樣的地方舉行神聖樹叢慶典。

# 7月20日

## 鮑索普櫟樹 Bowthorpc Oak
英國

位於林肯郡伯恩（Bourne）附近的鮑索普櫟樹，是少數被認為超過一千歲的夏櫟（*Quercus robur*），體型也名列前茅，樹圍達12.3公尺。

這棵樹的習性也是北半球溫帶地區開闊棲地的樹木時常斜向南方的絕佳例子，十分受到自然嚮導的喜愛。其樹幹的空洞現在成為新奇的餐廳和一間雞舍。

## 〈百馬栗〉IL Castagno dei Cento Cavalli

尚・皮耶・胡衛爾（Jean-Pierre Houël, 1777）

1777年，由尚・皮耶・胡衛爾畫下壯觀的百馬栗，樹中似乎有小型建築。

西西里島聖阿爾菲奧村（Sant'Alfio），在埃特納火山（Mount Etna）的陰影下，長著一棵歐洲栗（*Castanea sativa*），它可能是世界上同類之中最老的一棵，樹齡大約兩千到四千歲。更驚人的是，這棵歐洲栗的樹圍十分巨大。1780年左右，法國畫家尚・皮耶・路易・勞倫・胡衛爾（Jean-Pierre-Louis-Laurent Houël）畫下這棵樹時，它的樹圍將近58公尺。這棵樹的名字「百馬栗」很特別，出自一則故事：不知名的亞拉岡（Aragon，位於今西班牙）王后遇上一場暴風雨，幸好和一百名騎士隨從在這棵樹裡躲避。百馬栗龐大的樹幹曾多次裂開，現在比較像是由小樹組成的茂密樹叢，不過地下的組成部分仍然是一體的。

## 〈安斯頓石林〉Anston Stones Wood

詹姆斯 · 布朗特（James Brunt, 2021）

在自然出現的空缺中，光是插下細枝，就能讓腐朽中的森林搖身一變。詹姆斯 · 布朗特說：「在新冠肺炎大流行中創作這件作品，給了我迎向天際的希望。」

新冠肺炎流行期間，大地藝術家詹姆斯 · 布朗特在位於英國謝菲爾德的住家附近步行一小段路程的樹林裡，創作了這件作品。「我很喜歡去那裡運動、遛狗，那裡是我在封城期間的創意逃離之地。少有人煙的小徑讓我找到安靜的空間可以停下來玩，我逐漸對這片樹林熟悉。在那裡待那麼久，真的讓我和空間的關係成為焦點，我開始愈來愈注意到生命、死亡和腐敗的過程。讓我深受吸引的是，倒木挺直的樹根，還有老樹樁隨著時間過去在林地上形成雕像般的有趣形狀。」

# 7月23日

## 蒂瑪瑪之榕 Thimmamma's Banyan

印度

印度各地有許多著名的聖榕樹，蒂瑪瑪之榕名列其中，它也是全球樹冠面積最大的樹木之一。

印度安德拉普拉迪什邦（Andhra Pradesh）卡迪立（Kadiri）附近的蒂瑪瑪之榕（Thimmamma Marrimanu），乍看之下比較像一片小森林，其實是一棵榕樹，它的枝葉延伸超過一萬九千平方公尺。這棵榕樹以蒂瑪瑪為名；蒂瑪瑪是一位泰盧固族（Telugu）女性，1433年，她在亡夫的火葬柴堆上自焚殉葬。

## 柚木 Teak

印度

印度亞美達巴德（Ahmedabad）的斯瓦米納拉揚印度教神廟（Hindu Shree Swaminarayan Temple），採用緬甸柚木建成。

柚木（*Tectona grandis*）這種熱帶硬木原產於南亞和東南亞，不過廣泛引進其他地區栽培，在許多熱帶非洲國家和加勒比海地區成為歸化植物。柚木的木材從白色到鮮黃色都有，紋理緻密，強度極高。柚木也因為具有天然防腐、防蟲性而極受推崇，適合當建材、製作家具和船隻。緬甸實皆省（Sagaing）的安圖（Au Tuu）森林保護區偏遠地區，有兩棵最大的柚木，樹圍都超過八公尺。

## 活樹根橋 Living Root Bridges

印度

印度東北部梅加拉亞邦的卡西部落，用印度橡膠榕的樹根，做成兩道活樹根橋。

印度東北部，納加蘭邦（Nagaland）和梅加拉亞邦（Meghalaya）南部多丘陵而森林茂密的地景中，遍布湍急小河，這對於住在那裡的社群是一大障礙。搭橋是最直接的解決辦法，不過，卡西人（Khasi）和賈因蒂亞人（Jaintia）卻建造了獨特的構造。這些橋是用生長在陡峭河岸邊的野生印度橡膠榕（*Ficus elastica*）樹根搭成。由於樹根是活樹木的一部分，所以把它引導到對岸之後，就會深深長進土裡，所形成的橋具有彈性、能自我強化更新，還可以維持數百年。

## 約書亞樹／短葉絲蘭 Joshua Tree

美洲

2017年，U2樂團三十週年紀念「U2：《約書亞樹》」巡迴演唱會在巴黎的法蘭西體育場（Stade de France）舉辦時，在一棵高大的短葉絲蘭的剪影下表演。

短葉絲蘭（*Yucca brevifolia*）是絲蘭屬的一種植物，原生於美國西南部和墨西哥的沙漠。短葉絲蘭尤其常見於植被稀疏的莫哈維（Mojave）沙漠，其多刺的樹形稱霸其間。短葉絲蘭的葉片堅硬鋒利，並反映在它的西班牙文名字 'izote de desierto' 上，意思是「沙漠匕首」，不過對摩門教的移民而言，短葉絲蘭令人想起先知約書亞的指引。短葉絲蘭俗稱「約書亞樹」，這個名字來自愛爾蘭U2搖滾樂團1987年的專輯，對他們來說，短葉絲蘭體現了一種文化與情感沙漠化的感覺。專輯插圖中的孤樹生長於加州達爾文（Darwin）附近，在2000年倒下。那裡有一塊非官方的牌子，寫道：「你找到正在尋找的事物了嗎？」

*7*月*27*日

## 愛爾蘭樹木字母

The Irish Tree Alphabet

凱蒂．荷頓（Katie Holten, 2015）

藝術家兼行動主義者凱蒂．荷頓創作了樹木字母，希望思考人類之外的新交流方式。這套字母的靈感一部分出於愛爾蘭中世紀的歐甘字母（見P67）；荷頓正是在愛爾蘭長大的。

> 歐甘可以說是我的祖語，我的『原生字母』。直到今年春天我開始畫歐甘字母，我才意識到這套字母多麼有機。歐甘字母和我們的英文不同，英文是從左到右，從上到下，但你可以邊爬樹邊讀歐甘文，從下往上讀。
>
> ——《浮現》（*Emergence*）雜誌

愛爾蘭的樹木字母特色是獨特的原生樹種剪影，讓文字變成矮林，句子宛如從森林般冒出來。請用這套字母解讀第4頁的獻詞。

D
E
F
G
J
K
L
M
N
Q
R
S
T
W
X
Y
Z

## 歐洲李 Plum

西亞、歐洲

維多利亞李的品種自花授粉，產量極高，九月果實成熟時，會由金色轉為粉紅，再轉為深紫紅。

選擇性育種與培育，強化了歐洲李（*Prunus domestica*）自然的變異性，所得到的果實顏色、大小、風味多樣，名字也各異，有藍黑色的戴姆森李（damson），甜膩的青梅李（greengage）、粉紅金黃的維多利亞李（Victorias）、小而酸的布拉斯李（bullace）；布拉斯李有的黑，有的綠。在野外，李樹常常恢復成多刺的樹形，顯示它與黑刺李和櫻桃李的關係很近。

瓦茲河畔奧維荷村的多比尼街（Rue Daubigny）的一張明信片，圖中是梵谷最後大作取景之處。

# 〈樹根〉Tree Roots

文森・梵谷（1890）

在2020年，人們發現一張百年前印製的黑白照片，幫我們辨識出瓦茲河畔奧維荷村（Auvers-sur-Oise）中，梵谷在1890年7月29日畫下最後一幅大作的確切位置。畫中是路旁的一道陡坡，坡上長了扭曲的樹幹，樹根外露，其中有些樹至今仍存在。這幅畫格外令人感傷，因為光線顯示畫作是在下午完成的，而梵谷在幾個小時之後就過世了。梵谷的作品熱情洋溢，但內心的痛苦卻讓他在那晚自盡，這令人難以釋懷，也很難不納悶，如果當時的社會像現在一樣了解精神疾病，會有什麼不同？

# 7月30日

## 〈堡壘上的椴樹〉Linden Tree on a Bastion

**阿爾布雷希特・杜勒（Albrecht Dürer，約1494年）**

杜勒之樹的畫像五百多年後仍然展現優雅而枝葉柔嫩，是劃時代之作。

這棵五百歲椴樹的畫像，神奇之處在於像是上星期畫的一樣。阿爾布雷希特・杜勒以博物學與科學的方式面對大自然，在當年是革命性的作法，因為當時剛誕生了植物學和動物學這兩門現代科學，開始從動植物的角度仔細觀察。從前描繪的樹木大多是象徵性的，不過杜勒的椴樹可能會被錯認為是現代野外指南裡的插畫。

## 愛爾蘭紫杉 The Original Irish Yew

**北愛爾蘭**

佛羅倫斯莊園紫杉的樹形簡潔通直，成為作風有條理的園丁的最愛。

愛爾蘭紫杉（*Taxus baccata* 'Fastigiata'）是很熱門的觀賞樹木，它的樹形不像一般紫杉那樣寬大，而是筆直、時常長成多莖幹，因此受到青睞。這株雌樹是最早的愛爾蘭紫杉，生長在恩尼斯基連（Enniskillen）附近佛羅倫斯莊園（Florence Court）的土地上。據估計，世界各地的花園、停車場和教堂院子裡，種植了數百萬棵的愛爾蘭紫杉，而每一棵都是使用這棵樹的枝條，以插枝的無性繁殖方式而來，不是使用種子。佛羅倫斯莊園紫杉已經250歲，健康狀況良好，應該還能再活幾個世紀。

8月1日

## 燈塔樹 The Lighthouse Tree

英國

柯尼斯頓湖（Coniston）的皮島（Peel）啟發了亞瑟・蘭賽姆筆下的野貓島。為了取代原本的「燈塔樹」，人們種下了一棵歐洲赤松，它很快就會突破鄰居的樹冠。

亞瑟・蘭賽姆（Arthur Ransome）的小說《燕子號與亞馬遜號》（*Swallows and Amazons*, 1930）裡虛構的野貓島上，孩子們將一棵高大的歐洲赤松當成瞭望台，並掛上提燈。將繩索套上高處枝幹的任務，落在燕子號上最年長的約翰・沃克（John Walker）身上，他的攀爬經驗讓所有熟悉歐洲赤松粗糙樹皮和難纏殘枝的人，都覺得真實。

最辛苦的是，有時必須爬過曾經長了粗枝的地方。原本長了側枝的地方，幾乎總是刺出尖銳的木頭。手臂要越過這些突出的殘枝並不難，但是腳要跨過就沒那麼容易了。殘枝堅固到足以造成麻煩，但沒堅固到可以當落腳點。

8月2日

## 薛曼將軍樹

General Sherman

美國

世界上體積最大的活樹木，是加州紅杉國家公園（Sequoia National Park）巨木森林（Giant Forest）的一棵世界爺（*Sequoiadendron giganteum*）。這棵樹以美國南北戰爭的將軍威廉·薛曼（William Sherman）為名。目前驚人的數據，是樹高83.3公尺；樹基周長31.3公尺；樹基直徑11.1公尺；胸高直徑（樹圍的標準測量方式）7.7公尺；估計木材的體積大約1500立方公尺；估計總重大約2000公噸。

關於「世界上最高大的樹」這個頭銜，薛曼將軍有幾個競爭對手；有些樹的所在地就在紅杉國家公園附近，可能在接下來幾年會超越薛曼將軍。

8月3日

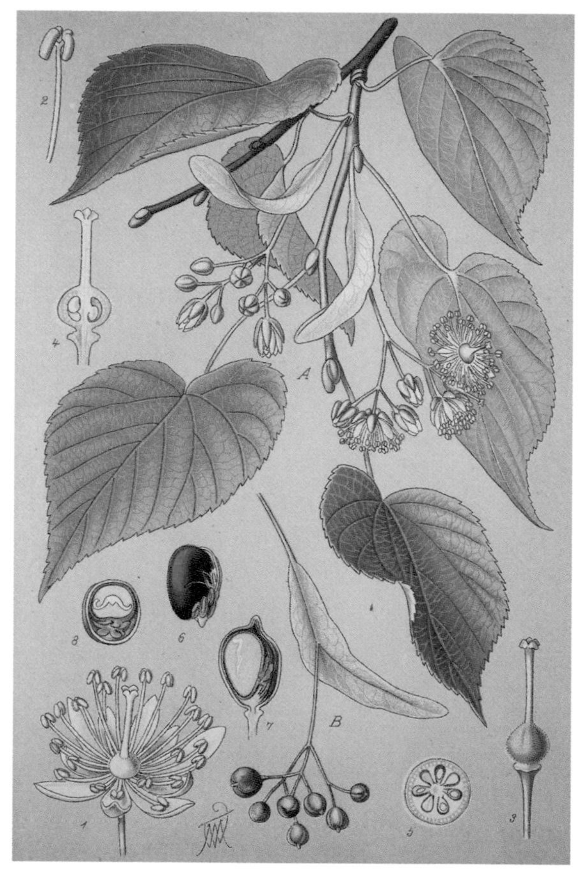

## 歐洲椴 Common Linden or Lime　瑞典

維多利亞時代的人，常將歐洲椴種植在公園地。

歐洲椴（*Tilia*×*europaea*）的英文俗名是common linden（普通椴樹），並不符合現實情況。歐洲椴是大葉與小葉品種的自然雜交種（分別見P277與P361），是少見的野生林地樹木。不過，歐洲椴也廣泛栽培於世界各地的街道和公園。這種樹跟其他椴樹一樣，葉片為心形，葉基稍微歪斜。歐洲椴的葉背上，葉脈夾角間有白毛，而椴樹屬的其他樹木則沒有。此外，歐洲椴的樹皮有脊，並不平滑。歐洲椴經常長出大塊的紋理木，就跟小葉椴一樣，經常可見樹基處萌發一叢叢細枝般的新芽（萌蘗）。蚜蟲非常喜愛歐洲椴，盛夏，歐洲椴的花朵對授粉昆蟲充滿吸引力，整棵樹似乎都發出嗡嗡聲。

## 夏櫟 Pedunculate, Common or English oak

**英國**

夏櫟的樹皮呈現深裂，即使在冬季，醒目的短柄和深裂葉片都落盡了，也很容易辨識。

長壽的夏櫟（*Quercus robur*）或許是歐洲最受青睞的樹木，被廣泛用作國家和地區的徽記，以及無數的企業、慈善單位、社群團體和機構的象徵。夏櫟和岩生櫟很相像，最容易區別之處是夏櫟櫟實的梗（果梗）長，葉柄短。岩生櫟（見P81）的葉子有長柄，櫟實則是短梗。夏櫟學名中的*robur*，是指珍貴木材的強度極高。在原生地，這種典型的櫟樹培育了多樣性驚人的其他生命，在英國林地針對個別樣本的生態調查，發現一棵樹上有超過四百種昆蟲。

8月5日

她從來不曾上來這裡……

這是約翰·福克斯經典小説裡的一幕，插畫由弗雷德里克·科菲·約恩（Frederick Coffay Yohn）繪製，圖中描繪的是女主角：瓊·托利弗（June Tolliver）。

## 《孤松小徑》The Trail of the Lonesome Pine

《孤松小徑》是約翰·福克斯（John Fox）所撰寫的小說，描述阿帕拉契山脈的宿仇家族和悲劇戀人。《孤松小徑》出版於1908年，之後改編為舞台劇和電影，大獲成功。不過，或許最令人印象深刻的是1913年受其啟發的歌曲，由勞萊與哈台（Laurel and Hardy）在1937年的電影《招財進寶》（*Way Out West*）中演唱而家喻戶曉。

維吉尼亞藍嶺山脈間，孤獨松樹的小徑上——
我倆心交織於白月光下，你我把自己的名字刻下；
瓊，我像山一樣憂愁，像松樹一樣為你孤寂。
維吉尼亞藍嶺山脈間，孤獨松樹的小徑上。

——出自〈孤松小徑〉，巴拉德·麥唐諾（Ballard MacDonald）與哈利·卡羅（Harry Carroll）（1913）

## 被爆樹木（廣島倖存樹木）

Hibaku Jumoko (Hiroshima Survivor Trees)

日本

美軍一張令人戰慄的檔案影像，顯示1945年廣島原子彈爆炸之後的慘況。說來神奇，爆炸區中央有一百七十棵樹木存活下來。

西元1945年8月6日清早，美國空軍投下一顆原子彈，在日本的廣島市引爆。當天，估計廣島有十四萬人死亡，之後還有更多人喪命，原爆點周圍兩公里內的一切生物都遭到焚燬。不過，原爆過後幾個月，爆炸區有大約一百七十棵樹的焦黑樹幹上冒出新芽，許多至今還活著。廣島綠色遺產（Green Legacy Hiroshima）這個小型組織，從這些神奇母樹的種子培育出樹苗，贈送到世界各地遭遇自然災害的地方，並贈送給擁核國家，代表和平與希望。綠色遺產的共同創辦人渡邊智子表示：「樹木有神奇的力量，會告訴每個人，他們需要聽到的話。」

# 8月7日

## 喀里多尼亞「祖母松」Caledonian 'Granny Pines'

**蘇格蘭**

一棵古老的歐洲赤松傲立於蘇格蘭凱恩戈姆國家公園（Cairngorms National Park）的喀里多尼亞森林裡。

蘇格蘭的天然林曾經覆蓋高地的大片土地，從谷底到海拔大約六百五十公尺的地方。高地上，森林是由十分稀疏的歐洲赤松和杜松的樹林組成，地被是石楠。不過，地勢較低的樹林裡，卻有各種闊葉樹：櫟樹、樺樹、花楸和冬青；地面則有大量的蕨類、苔類、地衣和北方野花這些地被植物。到了十九、二十世紀，喀里多尼亞森林（Caledonian forest）裡真正古老的區域變得十分罕見，而老松樹（稱為祖母松）大多生長在草食動物無法抵達的懸崖邊，才沒有被山羊或鹿隻吃掉。一些區域目前正在進行復育計畫；圍欄是保護樹木覆蓋範圍盡快恢復的關鍵辦法。

## 小農場城堡 Croft Castle Chestnuts
英國

小農場城堡的歐洲栗，有個迷人但未經證實的故事，傳說這些樹是由無敵艦隊的遇難船隻中搶救的堅果所種出來的。

赫里福德郡（Herefordshire）列門斯特（Leominster）附近，小農場城堡（Croft Castle）土地上，這一條高大的歐洲栗大道，可以追溯到1580年到1680年間。據說，它們種植的位置是依據西班牙無敵艦隊（Spanish Armada）的陣型，可能是用艦隊掠奪來的堅果種出來的。無敵艦隊於1588年8月8日，在法國海外的格拉韋林之役（Battle of Gravelines）敗給英國。

8月9日

## 繩文杉 Jōmon Sugi

日本

日本最老的樹木是生長緩慢的杉木，因為生長穩定且緩慢，以至於活到驚人的高齡。

這棵古老的柳杉（*Cryptomeria japonica*）生長在日本南方的小島——屋久島，所在地被聯合國教科文組織列為世界遺產與生物圈保護區（Biosphere Reserve）。這棵樹於1960年代被發現，是促使當局保護島上原始森林的因素之一。在森林學的詞彙中，「原始」（pristine）的意思是不曾被砍伐。而「繩文杉」這個名字，代表西元前1000年左右的日本史前繩文時代，約莫與歐洲的新石器時代和青銅器時代同時期，側枝取樣的年輪分析顯示，這棵樹的樹齡遠遠超過兩千歲。

## 澳洲猴麵包樹 Boab

澳洲

2005年，澳洲的舊郵票，郵票上是一棵猴麵包樹。

澳洲猴麵包樹（*Adansonia gregorii*）的樹幹矮胖如大象，木材為海棉狀，特別的是，它們的近親——猴麵包樹都生長在非洲。雖然其他的生物親和性（例如澳洲和南美洲都有有袋動物類），是由於所有南半球大陸曾經是一個連在一起的陸塊——岡瓦納大陸（Gondwana），但澳洲猴麵包樹和猴麵包樹的親源太相近，應該不是出自這個原因。最近的研究顯示，猴麵包樹其實是相對新的物種，因此啟發了一個新理論：猴麵包樹可能是由早期人類帶離非洲，對他們而言，猴麵包樹是寶貴的食物與材料來源。傑克・佩迪魯（Jack Pettigrew）教授在接受《澳洲地理》（*Australian Geographic*）雜誌訪問時指出：「如果你是移民，心想，『我口袋裡要裝什麼？』，很可能是裝猴麵包樹的種子。」

# 溫德姆監獄樹（希爾格魯夫拘留所）

Wyndham Prison Tree (Hillgrove Lockup)

澳洲

依據當地1930年代以及1940年代的報紙報導，西澳溫德姆市（Wyndham）市郊的這一棵澳洲猴麵包樹（*Adansonia gregorii*）的空心樹幹，在1890年代曾當作原住民囚犯被帶到城鎮判決時的拘留處。樹幹被挖開一個開口，形成「牢房」，可以容納數人。樹皮上曾經刻著「希爾格魯夫警察局」（Hillgrove Police Station）的字樣，不過因為腐朽又被其他文字覆蓋，已經無法辨識。雖然歷史上確實廣泛利用樹木來鍊住犯人，但沒有當代報導顯示希爾格魯夫拘留所確實用來當作監獄，而且不曾出現在1905年該地區原住民犯人受虐的報告中。因此，有些歷史學家認為，這個故事可能是為了吸引遊客而杜撰的。

西澳溫德姆市附近的溫德姆監獄樹。

8月12日

## 原住民的疤痕樹

Aboriginal Scar Tree

澳洲

所謂的澳洲「疤痕樹」，是在活著或死亡的樹木上，出現原住民工匠移除部分樹皮所留下的特別痕跡。有些疤痕已經有數百年的歷史。有些樹上也有斧痕，那是原住民用斧頭將樹皮砍成特定形狀，然後小心地將一整片樹皮從樹上撬下來，所留下的。疤痕的大小取決於樹皮的用途，切下橢圓形的小型樹皮，是為了做傳統的庫拉蒙（coolamon）盛水盤和器皿；中型尺寸的樹皮可能是拿來做盾牌；最大塊的樹皮，可以做樹皮獨木舟的船身。也有一些疤痕是為了宗教或儀式而留下的。這些樹有不少倖存下來，在留下疤痕後又活了好幾個世紀，見證了樹木的韌性，以及了解永續的人有多麼自制。

一棵橡膠樹上長長的疤痕，是一大塊樹皮在很久以前被剝除的痕跡。樹皮是整塊剝除的，可能是用來製作獨木舟。

*8*月 *13*日

## 老吉科 Old Tjikko

**瑞典**

世界上最古老的歐洲雲杉（*Picea abies*）根系，以放射性碳定年法檢測的結果，樹齡達到9562歲，應該是上次冰河期末期最早占據這個地區的植物之一。這棵樹可見的部分，是大約5公尺高的細瘦樹幹，樹齡較年輕，不過仍穩定地吸引觀光人潮到瑞典達拉納省（Dalarna）的菲呂山國家公園（Fulufjället National Park）一睹風采。老吉科（Old Tjikko）和潘多樹（Pando，見P239）一樣，是無性繁殖的樹木，雖然樹幹最後倒下了，根系卻存活下來，繼續支持新的莖幹。

老吉科樹的單幹從年齡驚人的樹根萌發，守在瑞典菲呂山國家公園樹木稀疏的高原上。

## 波士頓自由樹 The Boston Liberty Tree

**美國**

十九世紀的一幅版畫，顯示了波士頓人聚在自由樹下，抗議《印花稅法》。樹枝上，吊著套了絞索的印花稅務員安德魯·奧利佛（Andrew Oliver）的人偶。

西元1765年8月14日，一群民眾聚集在麻薩諸塞地區波士頓的波士頓公園一棵大榆樹下，抗議英國政府通過《印花稅法》（Stamp Act），強行向他們收取新稅。那是美國首度公開反對英國王室。後來法案廢除了，不過反抗行動仍持續，群眾時常聚集在那棵樹周圍；周圍的區域後來稱為自由廳（Liberty Hall）。1775年，美國獨立戰爭開打時，波士頓遭到圍城，一群對母國忠心耿耿的殖民地移民者，替英國砍倒了那棵樹。獨立後的幾個世紀中，自由樹的位址相對變得模糊，直到2018年，當地人興建一座新廣場，設了紀念石碑，並種下榆樹。

# 伯納姆櫟樹 Birnam Oak

**蘇格蘭**

**上圖**：亨利．厄文（Henry Irving）所繪製的紀念插畫，出自1888年英國倫敦萊塞姆劇院（Lyceum Theatre）所製作的《馬克白》。

**右頁**：蘇格蘭伯斯郡鄧凱爾德（Dunkeld）伯納姆的伯納姆櫟樹。

在伯斯－金羅斯區（Perth and Kinross）的這棵伯納姆櫟樹（Birnam Oak），樹幹幾乎中空，開展的枝條現在用支架支撐，以防止枝條將樹幹扯裂。從前有一片廣大的森林，據說伯納姆櫟樹是同類（岩生櫟）中唯一的倖存者。一般認為，這棵伯納姆櫟樹已超過五百歲，1599年，威廉．莎士比亞（William Shakespeare）遊經此地區，得到了黑暗的「蘇格蘭悲劇」——《馬克白》（*Macbeth*）的靈感。

馬克白的精神愈來愈失常，深信女巫的預言會讓他無敵，直到伯納姆森林（Birnam Wood）來到他的城堡；這座城堡位在距離森林數英里遠的鄧斯納恩（Dunsinane）。

第三名女巫：燃起雄心自豪，莫再顧慮那些惱怒、苦惱之人與密謀者。馬克白將無戰不勝，只怕伯納姆森林到鄧斯納恩丘來對付他。

馬克白：世上豈有人能夠號令樹木，驅使森林從土裡拔出腳？吉兆！甚好！叛亂之首絕不抬起，直到伯納姆森林奮起，馬克白大人生期將近，氣息終該還諸於時間凡俗……

——《馬克白》，第五幕第一景，威廉．莎士比亞（1606）

馬克白的敵人馬爾康（Malcom）和馬克德夫（Macduff）從伯納姆進攻時，命令士兵砍下樹枝當作偽裝。因此，樹林確實來到鄧斯納恩，預言成真，馬克白失去王位，也丟了自己的頭。

歷史上的馬克白，與莎士比亞的角色不同。馬克白在十一世紀統治蘇格蘭，是個英勇寬厚的人，逝世於1057年8月15日。

8月16日

## 禮拜堂櫟 Chêne Chapelle (the Chapel Oak)

法國

**右圖**：這棵宛如童話場景的二層樓高樹屋，其實是兩間禮拜堂，建在高大老櫟樹的中空樹幹中。

**右頁上圖**：全球樹木密度圖。

**右頁下圖**：彩虹桉的樹皮色彩繽紛，即使誤以為樹皮遭人噴漆，也不奇怪。

在諾曼地的阿盧維爾－貝勒福斯村（Allouville-Bellefosse），有一棵據說是法國最老的夏櫟（*Quercus robur*）。傳說，1035年，諾曼地的威廉繼承了那裡的公爵爵位，並在三十一年後於哈斯丁（Hastings）打敗了薩克遜王哈洛德．戈德溫森（Harold Godwinson），以「征服者威廉 」的名號，登上英格蘭的寶座。雖然傳說不盡真實，但那棵樹至少有八百歲了。高大的樹幹因為在十七世紀時遭到雷擊而燒成中空，於是改建為聖堂，之後加上了一座塔和通往塔頂的階梯，成為兩座小禮拜堂，當地人每年會舉辦兩次彌撒。

## 8月17日

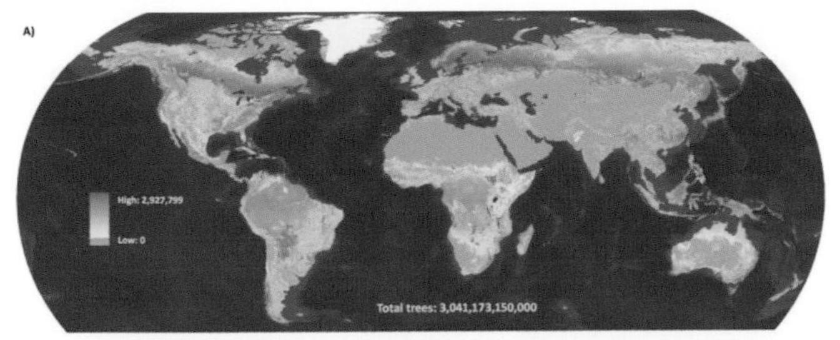


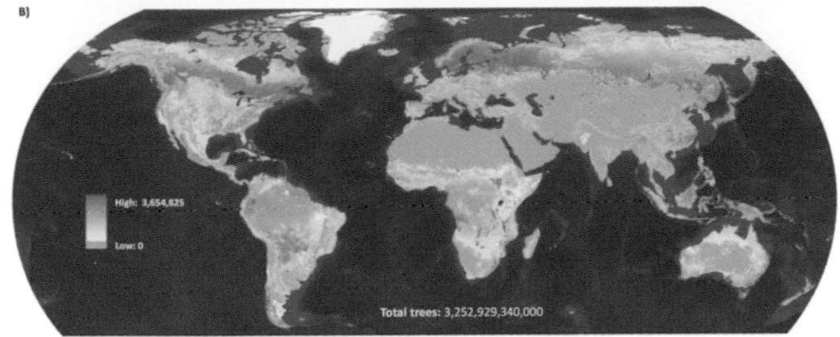


### 樹木地圖 A Map of Trees

瑞士

在2015年的一項計畫中，生態學家托馬斯·克勞瑟（Thomas Crowther）和遙測專家亨利·格里克（Henry Glick）結合多個資料庫，得到全球樹木覆蓋情況的新地圖，以及全球樹木數量最精確的估計值。結果遠比原來預想的更多，大約有三兆棵，不過這個數目已經比人類文明展開之初少了一半以上。

## 8月18日

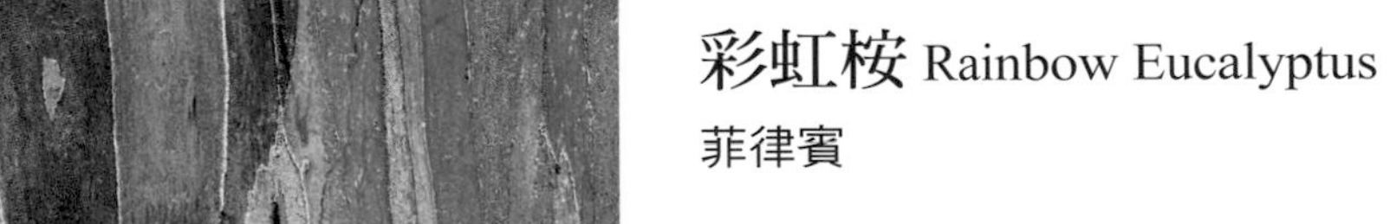

### 彩虹桉 Rainbow Eucalyptus

菲律賓

彩虹桉（*Eucalyptus deglupta*）的分布對桉樹而言並不尋常，因為它是少數沒有自然生長在澳洲的桉樹，在熱帶的分布以菲律賓為中心，甚至延伸至北半球。此外，彩虹桉所在的桉屬十分龐大，有超過七百個種，卻只有彩虹桉專門生長在雨林裡。彩虹桉生長迅速，樹高驚人，經常超過六十公尺，卻是因為樹皮而聞名；它的樹皮會以條狀剝落，露出一道道炫麗的顏色。

# 8月19日

## 白柳 White Willow

**歐洲、亞洲**

1932年一間薩塞克斯郡的小工廠裡，一名工匠正在安裝板球拍的球板。

這種最高大的柳樹有著狹長的葉片，因葉背為白色而得名。若是讓白柳（Salix alba）恣意生長，它可以長到高達二十五公尺，但進行矮林作業後就會極快速地多莖幹生長，莖柔韌，稱為「柳枝」，常用於覆蓋屋頂、編籃子。藍柳（*Salix alba* var. *caerulea*）生長迅速，樹幹通直，常被特別栽培來製作板球拍。它的淡色木材紋理筆直，重量相對較輕，極為抗凹、抗裂。

## 溫帶雨林 Temperate Rainforest

**加拿大**

加拿大英屬哥倫比亞沿岸風景秀麗的大熊雨林（Great Bear Rainforest），緊鄰的特魯普海峽（Troup Passage）附近有雲霧繚繞的山脈與森林。

雨林不只分布在熱帶地區。溫帶雨林的特徵之一是每年降雨超過一千公釐的地區，通常限於附近有海洋調節氣溫的區域，因為那樣的地方不容易變得很熱或很冷。溫帶雨林的地被植物，通常由苔類和蕨類組成，因為此處無法接收到直射陽光，使得開花草本植物的多樣性和豐富度受限。樹木本身若不是幼苗和苗木時期耐陰，就要等著前輩倒下，才能在孔隙中竄高。

# 8月21日

## 〈圖林根森林〉Thuringian Forest

愛德華・孟克（Edvard Munch, 1904）

德國圖林根森林的紅土正在逐漸流失，環境遭到破壞的畫面令人痛心。

畫家愛德華・孟克最出名的畫作〈吶喊〉（The Scream）演繹了哭號絕望；孟克時常用他的創作傳達心靈混亂的狀態。孟克曾在巴德埃爾格爾斯堡（Bad Elgersburg）的療養院接受治療，他描繪了附近山谷的森林剛被砍伐的樣子，畫面同樣令人難受，不過，這次吶喊的是大地。

圖林根山脈每年的降雨量大約一千公釐，在這幅畫中，我們看到光禿土地被雨水沖刷的駭人結果：雨水對大地的侵蝕絲毫不受阻礙，河岸坍陷，逕流呈血紅色。

# 大王 El Grande

**澳洲**

塔斯馬尼亞島的斯蒂克斯河谷(Styx Valley)現存的大王桉之中,許多名列南半球最高的樹木,不過更高大的巨木已經消失。

這是個悲劇。大王是一棵大王桉(*Eucalyptus regnans*)地標,之所以聞名遐邇,是因為它位在塔斯馬尼亞島德文特河谷(Derwent Valley)谷口的明顯位置,而且樹高高達79公尺,樹圍19公尺,體積估計有439立方公尺。這些數據使得大王贏得了世上最大被子植物、開花植物的頭銜。這棵樹齡350歲的巨木受到保護,不會遭砍伐,不過,2003年秋天,林業承包商在砍伐附近的樹木之後,放火焚燒遺落的樹枝。那場火延燒到大王的樹幹內,中空的樹幹化為煙道,使火燒得極高溫,造成慘重的損害。這個悲劇完全可以避免,因此震驚了澳洲大眾,令人強烈意識到非永續與隨意對待塔斯馬尼亞島老齡樹林的嚴重後果。

# 8月23日

## 〈大傑特島的星期日〉A Sunday on La Grande Jatte

喬治・秀拉（George Seurat, 1884）

十九世紀末的巴黎和今日一樣，都市的樹林消解了暑意。

喬治・秀拉的這幅新印象派大作，畫在極大的畫布上，讓前景的人幾乎是真人尺寸，並以科學、寫實的方式捕捉了光線、陰影與色彩，用彩色小點組成畫面，只在觀賞者眼中融合起來。沒有人會說秀拉對塞納河畔樹木或人物的處理算是寫實（因為線條簡化而僵硬得古怪），不過，光線和溫度的表現很驚人，有陽光照射區域刺眼的強光，也有樹下涼爽綠蔭的宜人舒適。

## 柳橙 Orange

美國

柳橙樹在溫暖不結霜的氣候長得最好，需要經常有雨水或灌溉。

栽培種的甜柳橙樹（*Citrus*×*sinensis*）是兩個野生種——類似葡萄柚的柚子（*Citrus maxima*）與橘子（*C. reticulata*）的雜交種。柳橙現在是全球最廣泛栽培的水果，因為風味迷人、富含有益健康的維生素、運送和儲存都方便且不易腐壞而深受喜愛。柳橙樹也是觀賞植物，葉片油亮，白花俏麗，果實鮮明如球形吊飾。

# 8月25日

## 佩斯里與神聖柏木 Paisley and the Sacred Cypress

伊朗

水滴形狀的佩斯里圖樣，又稱為「阿拉之淚」。

佩斯里（paisley，又稱變形蟲）這種受歡迎的圖案是一種中東圖案的變化形。水滴形的圖案來自祆教藝術中比較垂直的圖形，代表神聖柏木，例如卡什馬爾柏木（Cypress of Kashmar）。卡什馬爾柏木萌發自先知瑣羅亞斯德（Zoroaster，又稱查拉圖斯特拉）從天堂帶來的枝條，種在伊朗城市卡什馬爾。西元861年，穆塔瓦基勒（Al-Mutawakkil）哈里發下令砍倒卡什馬爾柏木，用於建造他位於薩馬拉（Samarra）的新宮殿；宮殿至今屹立不搖。

## 潘多樹 Pando

美國

猶他州著名的美洲顫楊樹叢，又稱為「顫抖的巨人」（Trembling Giant）。

潘多樹（Pando）之名，在拉丁文是「我傳播」之意，是世上已知重量最重的植物，估計有六千六百公噸。對於外行人來說，潘多樹的外表不像是單一個體，而是一叢美洲顫楊（*Populus tremuloides*）。潘多樹是由一個共同的根系，長出大約四萬條莖，一般認為它的樹齡至少一萬四千歲，有些極端的估計認為潘多樹生長了將近一百萬年。雖然北美各地有許多這樣的樹叢，不過猶他州魚湖國家公園（Fishlake National Forest）的這個樹叢格外龐大，占地四十三公頃。

## 庭木 Cloud Pruning

**法國**

庭木是遠東地區的一種園藝傳統，類似樹雕，人們粗略依據自然結構，將樹木或灌木修剪成雲朵的形狀。粗枝會個別修剪，加強區隔，塑形成圓滾滾的外觀，令人聯想到時髦的貴賓狗造型。

法國河源花園（Parc Floral de la Source）一棵高大的杜松庭木展現古怪風情。

## 卡拉洛奇樹之樹根洞穴 Kalaloch Tree Root Cave

**美國**

「生命之樹」在美國華盛頓州的奧林匹克海岸勉強求生，名字十分貼切。

這棵樹形獨特的西卡雲杉，位在華盛頓州奧林匹克國家公園，在當地又稱「生命之樹」，成了觀光景點。生命之樹生長的懸崖遭到小溪侵蝕，使得樹木橫跨在半空中。遊客前來欣賞其樹根失去土壤還能繼續生存的奇蹟，不過，真相比較平凡無奇——這棵樹還有其他根系延伸到懸崖尚存的部分；而讓生命之樹暴露空中的那條小溪，無疑為這棵樹供應了充足的水分。即使這樣，仍然很神奇，誰知道樹木竟是如此頑強？

上圖：象徵主義藝術家波克林第三版的〈死之島〉（1883）之中，那趟險峻的旅程似乎是在灰白的晨曦下進行。

右頁上圖：2012年環球影業的電影中，羅雷司的形象。

右頁下圖：德國巴伐利亞邦的利希騰費爾斯（Lichtenfels）附近，伊斯靈（Isling）的伊斯靈舞會椴樹。

## 〈死之島〉Isle of the Dead

**阿諾德・波克林（Arnold Böcklin, 1883）**

阿諾德・波克林筆下神祕而令人不安的形象太受歡迎，因此他在二十年間畫了幾次，每一幅都有些微不同，而這樣反覆作畫有如不斷出現的夢境，多少使得此舉更令人發毛。每一版本中都有個全身白衣的人影，搭船被載往宛如要塞的島嶼，島上有一叢黑暗茂密的柏木樹叢，而柏木正是基督教與伊斯蘭文化中都有的樹葬樹木。波克林本人從沒為這一幕取名或解釋什麼，只暗示這是他的夢中一景，不過熱門的解讀是，這幅畫代表死去的靈魂被送去某種來世。這座迷你島嶼是虛構的，卻有點像地中海的幾座島，例如西西里的小斯特龍博利島（Stromboliccio）。

## 8月30日

我是羅雷司。樹木沒有舌頭，所以我為樹發聲。

——出自蘇斯博士的童書《羅雷司》(*The Lorax*, 1971)

## 8月31日

### 村鎮椴樹 Village Lindens

歐洲北部

羅馬帝國時代，日耳曼地區(今日的德國和大部分的斯堪地納維亞)的聚落裡，顯眼的椴樹通常是進行法律程序、慶典和其他社群聚會的中心，因此又稱為法庭椴樹(Gerichtslinde)、舞會椴樹(Tanzlinde)，或是小鎮或村鎮椴樹(Dorflinde)。在基督教傳到歐洲之前，椴樹也具有宗教意義，被視為北歐女神芙蕾雅(Freja)的聖樹。

# 埃平森林 Epping Forest

英國

埃平森林中有不少史前聚落，勞頓營（Loughton Camp）正是其中之一。該處的陶器屬於鐵器時代，可能是由當地凱爾特部族——特里諾文特人（Trinovantes）建造的。

埃平森林位於倫敦市郊，數千年來都是有人居住的地方，而人們在制高點建了要塞，提供策略上很重要的視野。這裡在十二世紀被列為皇家的狩獵森林，但仍為一般人提供了一種生活方式，讓他們在森林裡採集、放牧牲畜、撿拾柴木。同時也有不法之徒出沒此處，後來還出現強盜，包括了惡名昭彰的迪克·特平（Dick Turpin）。

維多利亞時代的倫敦不斷成長，對於休閒綠地的需求也不斷增加，每到假日，森林就容納了數十萬名遊客。埃平森林極度受歡迎，最後促成了1878年的《埃平森林法案》，這是個里程碑，保護這座森林區不會遭到圍地或私有化，永遠都能供大眾享用。

# 9月2日

## 金楟 Golden Wattle

澳洲

**上圖**：新南威爾斯的典型澳洲風景，遠望桉樹森林與開花中的金楟。

**右圖**：1970年代早期澳洲郵票上的金楟花。

這種小型樹木原生於澳洲東南部，不過也在別處栽植、歸化。它通常會長成下層林木。從生物學的角度來看，金楟（*Acacia pycnantha*）的「葉片」根本不是葉片，而是扁平化的葉柄——假葉（phyllode），只是功能和葉片相同。1988年適逢澳洲兩百週年，這棵金楟被官方定為國徽。澳洲國徽上的綠色與金黃色，正是來自金楟和其他種楟皮樹的顏色。

*9*月*3*日

## 第一代布拉姆利蘋果樹

The Original Bramley Apple Tree

英國

布拉姆利蘋果（*Malus domestica* 'Bramley's Seedling'）是世界上最知名、最受推崇的蘋果品種之一。布拉姆利蘋果大而酸，非常適合入菜，一般認為最適合用來做餡餅、蘋果奶酥和醬料。第一代的布拉姆利蘋果樹大約是在1809年誕生，當時，在諾丁罕郡紹斯韋爾鎮（Southwell）上，一個名叫瑪莉·安·布雷斯福（Mary Ann Brailsford）的女孩，在花園裡用一粒蘋果籽種出來。從種子長出的蘋果樹無法「精準繁殖」（breed true），所以每棵樹的品質都不相同。1856年，野心勃勃的栽培者亨利·梅利威瑟（Henry Merryweather）認可了瑪莉·安那棵蘋果樹的品質。梅利威瑟當時年僅十七歲，取得幾根插條，種出第一座布拉姆利蘋果園。這個名字是為了紀念當時果園的主人：馬修·布拉姆利（Matthew Bramley）。第一代的布拉姆利蘋果樹現在已經兩百多歲，因為感染了松口蜜環菌，正在衰弱末期。這棵樹目前由諾丁漢特倫特大學（Trent University）的園藝學家照料，希望盡可能延長它的壽命，同時也取得接穗嫁接到附近校園的新樹上。

栽培馴化的蘋果樹以供嫁接，
能延續蘋果的品質。

9月4日

## 猶太海棗 Judean Date Palm　以色列

現代的椰棗栽培種，一季可以結出超過一百公斤的椰棗。

猶太海棗是椰棗（*Phoenix dactylifera*）的一個品種，是古代猶大王國的象徵，在那裡栽培了數千年。中世紀的氣候變遷與數百年區域動盪所帶來的破壞，導致當地不再栽培猶太海棗，著名的古老品種就此遺失。不過，1960年代人們在以色列挖掘希律王（King Herod）位於馬撒達（Masada）的宮殿時，發現了一個舊罐子，裡面有保存完美的海棗種子。放射性碳定年法顯示，種子已存在一千九百年到兩千一百二十年了。2005年，人們替少量的種子做了發芽處理，其中一顆萌發並長成了樹。那棵樹取名為「馬土撒拉」（Methuselah），在2011年開了花，人們才知道它是雄樹。之後，人們在死海地區找到了年代沒那麼久遠的種子，發芽之後有了一些雌株的苗木，因此，這種代表性的樹木有機會像《聖經》中活到近千歲的馬土撒拉一樣，再度茁壯。

## 新森林 New Forest

**英國**

初春早晨，霧濛濛的新森林。新森林裡有矮種馬、鹿、野豬、蛇、蜥蜴和大量其他動物。

英格蘭南部漢普郡（Hampshire）的新森林，在2005年設為國家公園，不過，它在很久以前就享有獨特的地位，早在1079年就由征服者威廉命名為「新森林」（Nova Foresta）。原本稱之為森林，是取自皇家禁獵保育地之意，主要是為了培育鹿隻而養護。雖然那片景觀現在大部分是石楠原和草原，不過林地完全稱得上是全英國最棒的森林，一般認為這裡是西歐老樹密度最高的地方，包括五百歲的奈特伍德櫟樹（Knightwood Oak），它又稱為「森林之后」。

## 歐洲衛矛 Spindle

歐洲

歐洲衛矛色彩繽紛的果實，約莫在葉子被秋意染紅的同時成熟，視覺效果既豔麗又賞心悅目。

歐洲衛矛（*Euonymus europaeus*）是很熱門的庭園樹木，也是重要的樹籬植物，它的糖果色果實則對野生動物十分重要。它的葉子微帶光澤，葉緣有細小的鋸齒，到了秋天會變成深橘色。歐洲衛矛是雌雄同株，所有植株都會開花，花朵是小白花，果實則是大膽的粉紅色，在早秋成熟後，會露出鮮橘色的種子。歐洲衛矛在自然狀態下擴張緩慢，因此被視為老齡林的一個好指標。歐洲衛矛的木材色淡而細致，英文俗名 'pindle' 取自於這種木材最常見的用途：製作紡紗的紡錘。它也可以用來做上好的棒針和衣夾。

## 牛頓的蘋果樹 Newton's Apple Tree

**英國**

艾薩克·牛頓家的院子裡著名的蘋果樹，結出的蘋果屬於稀有品種：肯特郡之花（Flower of Kent）。

他坐著沉思時，一顆蘋果落下，他不禁心想：「……為什麼蘋果總是會垂直掉到地上。為什麼不是往旁邊掉，或是往上掉？而總是掉向地面？」

威廉·史托克利（William Stukeley）是艾薩克·牛頓（Isaac Newton）的朋友，他重述了如今很著名的、據說啟發了他朋友發現地心引力的事件。這個故事常常被視為出處不詳，但牛頓自己也曾多次述說這個故事。

或許最值得一提的是，那棵可能是落下蘋果的樹，仍然屹立在牛頓位於林肯郡伍爾索普莊園（Woolsthorpe Manor）住家的院子裡。這棵樹應該將近四百歲了，兩度倒下，但每次都再度定根，又一次生長茁莊。

## 阿巴爾古絲柏 Sarv e-Abarkuh

**伊朗**

絲柏被視為神聖的樹木，不只是因為它很長壽，以及常綠的葉子看似幼嫩，也因為樹形天生對稱，讓人看了賞心悅目。

這棵古老的絲柏（*Cupressus sempervirens*）生長在伊朗雅茲德省（Yazd）的阿巴爾古（Abarkuh），大約有4500歲了。有些描述顯示這棵絲柏是由精神領袖瑣羅亞斯德種下的，不過，瑣羅亞斯德確切在世的時間不詳（估計範圍從西元前五世紀到更久遠之前都有）。這棵絲柏跟其他差不多高齡的樹木比起來，最特別的地方或許是高大又有活力。樹高大約25公尺，樹圍11.5公尺，葉子茂密健康。

## 矮樺 Dwarf Birch

**阿拉斯加**

阿拉斯加的迪耐利國家公園（Denali National Park）開闊的雲杉森林裡，一頭公駝鹿正吃著矮樺。

矮樺（*Betula nana*）的樹形低矮，適合生長在高海拔、高緯度地區，在格陵蘭、冰島、斯瓦巴群島（Svalbard），以及加拿大與歐亞大陸北部形成純林，高度不到腰際。到了更南方，矮樺只會生長在地勢高且終年寒冷的地方。矮樺的葉子比其他樺樹更圓，堅韌的細枝表皮呈深紅褐色。馴鹿、北美馴鹿、駝鹿和馬鹿都會吃矮樺，這些矮樺在遭到啃食後，就變得更矮了。

# 樹之聲 The Voices of Trees

銀樺的葉子色淺，在秋天會產生雀躍的顏色，不過，銀樺聽起來是什麼聲音？

我幾乎都能靠著風吹過樹葉的聲音，聽出附近有什麼樹，不過，同一棵樹從春季到秋季，隨著樹葉變硬、變乾，聲音大不相同。樺樹的聲音尖細，小而急，十分像下雨的聲音，我常常上當，以為真的下雨了，但卻只是樺樹的葉子相觸碰，發出雨聲般的細小沙沙聲。櫟樹樹葉的聲音也很尖，不過比樺樹的低沉一點。溫和微風中的七葉樹樹葉，聽起來比較謹慎，是某種緩慢的滑動聲。幾乎所有樹在和風中都會發出悅耳的聲音。

——葛楚‧傑克爾（Gertrude Jekyll）
視障花園設計師（1842-1933）

## 倖存樹 Survivor Tree

**美國**

倖存樹在從前家園附近的紐約911紀念廣場，再度欣欣向榮。

2001年9月11日，雙子星世貿大樓在恐怖攻擊後倒塌，一棵二十多年前種下的豆梨樹（*Pyrus calleryana*）受損，在瓦礫中遭掩埋了幾個星期。不過，那個秋季，工人在清除現場的浩大漫長過程中，注意到那棵樹有根側枝長出了新葉。這棵豆梨樹雖然遭受苦難，卻似乎決心活下來。於是，這棵豆梨樹被小心地移植到布隆克斯（Bronx）的一間樹木苗圃，花了九年總算恢復健康。2010年，倖存樹再次被移植到911紀念廣場，今日已成為不屈不撓的象徵。

9月12日

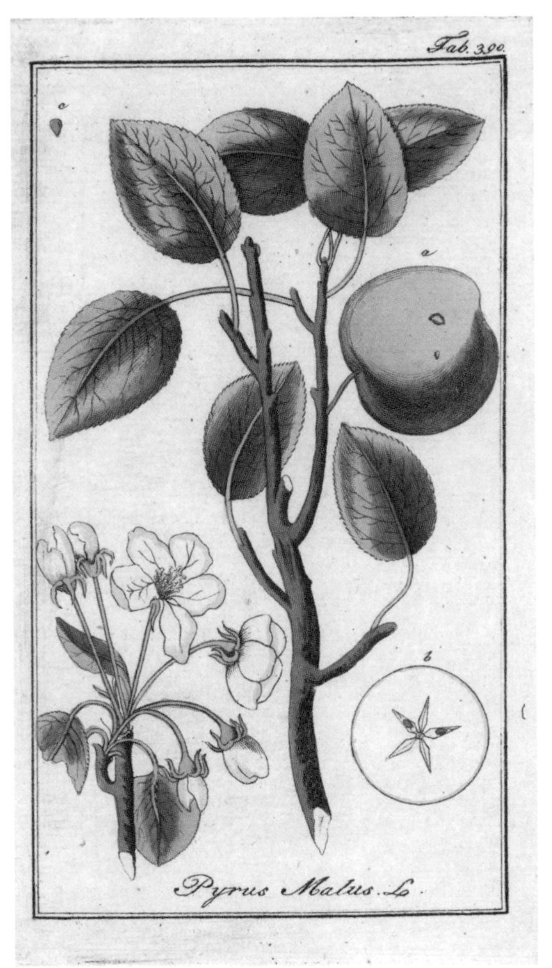


## 歐洲野蘋果 Crab Apple

**歐亞區域**

揚・克里斯蒂安・賽普（Jan Christiaan Sepp）在1796年手工上色的一張植物銅版畫，畫中是大家熟悉的歐洲野蘋果。

蘋果的祖先是一種小型到中型的樹木，在歐亞大陸各地都很常見，果實小而硬，直徑很少超過三公分。歐洲野蘋果（*Malus sylvestris*）的風味極酸，不過在煮熟後會變甜，而且含有大量的凝固劑——果膠，因此非常適合用來製作果凍和果醬。人們時常將歐洲野蘋果種在果園裡，卻不是為了它的果實，而是它的花期很長，是用來為主要作物施肥的可靠花粉來源。歐洲野蘋果有各種民間傳說，普遍與愛情和婚姻有關。

## 垂枝樺、歐洲銀樺 Silver Birch

北歐、北亞

樺樹皮之所以泛白，是因為樺木醇（betulin）結晶反射光線。樺木醇這種有機物具有許多很有價值的藥理學特性。

樺樹是無畏的先驅樹種，有時被林業人員視為木本雜草之類的植物。不過，這種觀點忽略了北歐和北亞的大片地區都有天然的樺樹林覆蓋。垂枝樺（*Betula pendula*）在較古老的英文文章中，僅稱為「樺」（birch或birk），而後來前綴的「銀」（silver）字，似乎是詩人阿弗列．丁尼生男爵加上的。樺樹的木材可以用在各式各樣的建築結構上，而且經常是燻製房用來增添風味的燃料。它的樹皮很容易剝落，可以代替紙張和火種，而它的細枝常用於製作女巫和巫師人手一把的掃帚。

## 9月14日

### 紅樹林 Mangrove Forest
熱帶

「紅樹林」這個詞，除了描述一群格外耐鹽水浸淹的濱海樹木之外，也用於指稱這些樹形成的生態系，也就是熱帶濱海的沼澤森林。紅樹林是極為重要的動物棲地，其中有豐富的海洋生物，也為鳥類提供安全的棲息及築巢地點，是魚類和爬蟲類（包括鱷魚）的繁殖地。紅樹林極為茂密，也保護了大片海岸線，避免海岸線受到侵蝕或遭到暴風中的大浪拍打。

## 9月15日

### 歐洲七葉樹
European Horse-chestnut
歐洲、北美

這種威嚴的樹木原生於巴爾幹半島，廣泛引入歐洲其他地區和北美。兒童們稱之為「馬栗」，其果實晶亮，讓人忍不住想私藏，是大自然最受歡迎的玩意兒。歐洲七葉樹（*Aesculus hippocastanum*）開花時最壯觀，滿樹都是蠟燭般的白色錐狀花序（有些品種是鮮粉紅色）。

**上圖**：修剪下來的榛樹枝彈性十足，可以做成編柵，提供結實的屏障，同時保護並蔭蔽一旁日漸長大的新樹籬。

**左頁上圖**：紅樹林樹根周圍的水是溫暖的，樹林具有遮蔽性，能阻擋掠食者，因此充斥著各種生物。

**左頁下圖**：七葉樹的新鮮果實就藏在珠寶盒似的外殼裡。

## 榛樹 Hazel

美洲

生長迅速的榛樹（*Corylus avellana*），特點是葉緣參差不齊，樹幹呈灰色而平滑，春天綻放黃色的葇荑花序（雄花），堅果叢生，波浪狀的苞片邊緣呈蕾絲狀。榛樹的壽命相對較短，必須偶爾進行矮林作業（將地面以上的部分修除），才能促進旺盛的再生。只要反覆進行矮林作業，幾乎可以讓榛樹永遠活下去。矮林輪伐的時間可長可短，生長時間達一至兩年的枝條，在修剪下來後，可以做成彈性佳的鞭子和撐桿，而生長時間達數十年的枝條，則適合做堅固的撐桿、柴薪、煤炭等。矮林作業會促進莖桿茂盛生長，也可能使堅果結實纍纍，形成了絕佳的野生動物棲地。

# 9月17日

## 達文西的分枝法則
## Da Vinci's Rule of Branching

藝術家兼博學家達文西(Leonardo da Vinci)進行了一絲不苟的自然研究，不斷為許多研究領域的專家提供思考的材料。達文西對樹木的觀察，包括了一些生長和形態方面的一般法則，其中最著名的是分枝的碎形特性。

達文西寫道，「一棵樹不論長到多高，所有樹枝加起來，會和樹幹一樣粗。」這個理論很單純，似乎適用於各種樹木，不過，成熟的樹木從長出第一根分枝到最細的細枝，分枝可能數以千計，要證明起來極度耗費人力和時間。

不過，電腦模擬提供了很可信的答案，解答了為什麼所有樹種的樹木好像都是這麼生長的。這種生長模式似乎讓樹木最能抵禦強風，讓樹盡可能強壯，但不會浪費能量長出多餘的木頭。

達文西一絲不苟地研究樹木。這張素描完成於1480年左右，重點是放在光線落在樹葉上的影響。

## 萊伊花楸 Ley's Whitebeam
**英國**

秋天裡，萊伊花楸誇張地展現季節色彩。鳥類會吃萊伊花楸的果實，幫忙散播種子。

萊伊花楸（*Sorbus leyana*）在1896年由奧古斯丁．萊伊（Augustin Ley）牧師發現，現在是一種極危的花楸，自然分布的範圍極為有限。萊伊花楸被視為威爾斯最稀有的樹種，應該是花楸（*Sorbus aucuparia*）和另一種稀少的花楸（可能是岩生花楸〔*Sorbus rupicola*〕或灰花楸〔grey whitebeam (*S. porrigentiformis*)〕）的雜交種。野外的少數樣本，攀附在布雷康山脈（Brecon Beacon）的岩石露頭上生長。萊伊花楸很可能自然繁殖得十分緩慢，很容易遭到動物啃食，所以只有生長在山羊不易到達的懸崖上才能存活下來。在威爾斯的國立植物園，建立了另一個萊伊花楸族群，以免它們絕種；如果放任萊伊花楸自然發展，它們可能真的會絕種。

沼澤裡的杉樹是美國東南部濕地的獨特景觀，這類杉樹也常被當作景觀樹木來栽培，例如圖中加州南部查爾斯頓（Charleston）木蘭莊園（Magnolia Plantation）的景觀。

## 沼澤杉樹的膝根 Swamp Cypress Knees

**美國**

生長在沼澤的杉樹（例如落羽松〔*Taxodium distichum*〕）樹幹時常大大開展，或形成板根，在吸水飽和的鬆軟土地上提供穩定的支撐。落羽松及其近親最獨特的特徵，或許是「膝根」，這種多節瘤的木質結構從根部直接冒出，在主幹周圍突出到空氣中。

從前的假設是，這些膝根與紅樹林的氣根或假根，具有相同的功用，不過，目前的推論涉及更多功能性的角色，包括進一步維持穩定、攔阻沉積物和其他物質，強固樹木生根的地面。

## 〈洛磯山瀑布〉Rocky Mountain Waterfall

亞伯特．比斯塔特（Albert Bierstadt, 1898）

〈洛磯山瀑布〉繪於比斯塔特的生涯晚期，構圖宏偉得理直氣壯，也充滿了他描繪該地區的作品所帶有的光采與浪漫。

亞伯特．比斯塔特是探險家，也是畫家，更是最早深入美國西部（尤其是洛磯山脈）的歐洲人之一。比斯塔特投入三十年的生涯，讓世人看到那些地方的壯麗，大獲成功，但最後仍退了流行，失去評論家的青睞；這是藝術家的宿命。比斯塔特的作品帶有坦然的浪漫，規模常常很盛大，甚至可以說是浮誇，例如這幅畫作中，中景和背景的冷杉變矮，展現了層層疊疊的浩大景色。不過，比斯塔特的作品在美國保育運動的誕生中扮演了正面的角色，因此重新受到審視。

9月21日

# 加州鐵杉 Western Hemlock

**阿拉斯加**

阿拉斯加首府朱諾（Juneau）附近，魚溪（Fish Creek）兩岸的濃密加州鐵杉林。偶爾會有鐵杉樹倒落進河裡，形成會漏水的臨時水壩，這情況有助於減緩水流的流速，是一種寶貴的自然洪水管理。

加州鐵杉（*Tsuga heterophylla*）是高大的針葉樹，枝條下垂，原生於北美西部，是廣泛種植的木材樹種和景觀樹木。它的針葉常綠柔軟，呈現極深的綠色，但春天在枝條頂端剛長出來時，是明亮的鮮綠色。每根針葉的背面，都有兩道狹長的白線。它的毬果小巧，帶有細小的果鱗。加州鐵杉的俗名 'Western hemlock'（直譯為西方毒芹）中雖然有 'hemlock'，卻不是毒死蘇格拉底的著名毒芹（*Conium maculatum*，俗名亦為 hemlock），而是指繖形科的草本植物。這兩者有著同樣的英文俗名，反映了兩種植物的葉片氣味相近。

## 畢許諾族的犧牲 The Bishnoi Sacrifice

印度

印度拉加斯坦邦，畢許諾族女性在一棵牧豆樹旁祈禱。牧豆樹是拉加斯坦邦官方的邦樹。

牧豆樹（*Prosopis cineraria*）是南亞和中東沙漠地區的代表性樹種（見生命之樹，P193）。牧豆樹的生態、文化與宗教重要性十分深遠，因此，1730年，一位大君為了興建宮殿而要砍倒當地的牧豆樹時，一名畢許諾族的印度教女性阿姆麗妲．黛維和她的三個女兒試圖以肉身阻止。大君手下的暴行完全無法鎮壓抗議行動，反而導致更激烈的反抗，總共有三百六十三名畢許諾族人為了他們的樹而犧牲生命。

*9*月*23*日

## 神奇樹 Wonderboom
南非

位在南非普里托利亞（Pretoria）的神奇樹（南非語為Wonderboom）是由說荷蘭語的移民命名的。1836年，他們從英國統治下的開普（Cape）殖民地向東遷移的時候，遇見了神奇樹涼爽宜人的樹蔭。他們意識到，這個乍看之下是原生榕樹（柳葉榕，*Ficus salicifolia*）所形成的直徑五十公尺的樹叢，其實是一整棵樹，樹枝低垂，落地生根，在中央的樹幹周圍形成三圈子樹。樹木最古老的部分，應該可以追溯到一千多年前。1988年9月23日，這棵樹和周圍的地方被列為天然保護區。

神奇樹保護區離普里托利亞中部不遠，一百五十多年來都是熱門的野餐和散步景點。

## 籬槭 Field Maple

歐洲

籬槭的英文俗名'field maple'，雖然有「田野的槭樹」之意，卻是理想的都市樹木，適合用來做樹籬，對污染的耐受度也很高。

籬槭的樹形中等，對修剪的反應良好，因此常被栽植為樹籬，此外，在歐洲、地中海地區和其他地方，也廣泛栽培用作景觀樹木。籬槭（*Acer campestre*）的葉子有五瓣，邊緣比大部分的槭樹更圓，跟洋桐槭的樹葉明顯相似。它的果實是翅果，有二翅。熟成籬槭的樹皮會變得厚而軟，帶有深裂。籬槭的木材極為堅硬，帶著迷人的金黃色調，經常用於製作樂器。

## 杜松 Juniper　北半球

杜松「漿果」廣泛用作香料，也是著名的琴酒風味來源。英文俗名'juniper'，來自於荷蘭文'jenever'。

杜松是堅韌的柏科成員，在北半球分布很廣，時常生長到樹木線（樹木生長的北界）為止。杜松（*Juniperus communis*）的特徵是針葉到了冬季仍然是綠油油的，小而刺，三枚輪生在有脊的細枝上，針葉中央有一道銀帶。雄毬果和雌毬果生於不同的植株。早春裡，雄株會釋出大量的黃色花粉。雌毬果如果成功受粉，就會膨大成漿果狀的結構，成熟時類似迷你的黑刺李或藍莓，但具有類似三芒星的痕跡，很容易分辨。早期基督徒在試圖自保免受巫術侵害時，會把杜松的芬芳枝條帶進屋內，或者拿到節慶場合，例如蘇格蘭的除夕（Hogmanay，12月31日）、北歐與斯堪地那維亞的瓦爾普吉斯之夜（Walpurgis Night，4月30日，五朔節前夕），因為人們認為此時是女巫和惡靈肆虐的時期。

## 老橄欖 Stara Maslina

**蒙特內哥羅**

蒙特內哥羅的史塔瑞巴爾鎮（Stari Bar）的當地人，時常在那座城市最老的居民——一棵老橄欖樹的樹下舉行婚禮，接受親友的祝福。

前往巴爾幹小國蒙特內哥羅（Montenegro）在亞得里亞海濱的城市巴爾（Bar）郊區湯巴（Tomba）的遊客，都會注意到那裡主要的自然景點——一棵龐大無比的橄欖樹（油橄欖，*Olea europaea*），據說它的樹齡已經超過兩千歲。現今，樹的周圍有石牆和欄杆保護，雖然這棵樹曾經受過嚴重的損害，卻仍然欣欣向榮，遊客只要付小筆費用，就能靠近觀賞。

# 9月27日

## 美國板栗 American Chestnut

**美國**

美國板栗學名的種小名'*dentata*'是指鋸齒狀的葉緣。圖中帶刺的果實膨大，一旁是殘留的雄葇荑花序。

這壯觀的樹種曾經是美國東部林地的優勢樹木，卻在二十世紀初因病害而受到重創。多達四十億棵樹感染了栗枝枯病菌（*Cryphonectria parasitica*），這是一種來自亞洲的樹皮真菌。美國板栗（*Castanea dentata*）目前被視為在原分布區域功能性地滅絕，因為雖然一些樹的根系和樹樁還活著，但所長出的任何嫩枝都會受到感染，並在能夠繁殖之前就死去。這樹種的未來可能取決於各種措施，包括利用病毒感染真菌的生物控制法，以及發展出抗枝枯病的樹木。若要發展抗病樹木，需要靠選擇育種、與來自中國的相關樹種雜交，或是基因改造。

## 西洋梨 Pear

美國

十九世紀末的彩色石版畫，畫中描繪的西洋梨果實甜美多汁。

有些人認為，栽培的西洋梨（*Pyrus communis*）是由野生樹木培育而成，視兩者為不同種（野梨，*Pyrus pyraster*），也有些人認為野生種和栽培種屬於亞種（分別為*P. communis pyraster*和*P. communis communis*）。更令人混淆的是，栽培的西洋梨品種，生長在許多野梨的分布範圍，以及花園和果園中。不過，它們的果實倒是不容易搞混，野梨的果實又小又硬，不能食用。新石器時代歐洲各地最早開始栽培野梨的人，想必看出它的栽培價值。相關證據顯示，梨樹在盎格魯撒克遜時代的不列顛很常見，在諾曼人（Norman）的紀錄中也經常把梨樹當作界標。

# 9月29日

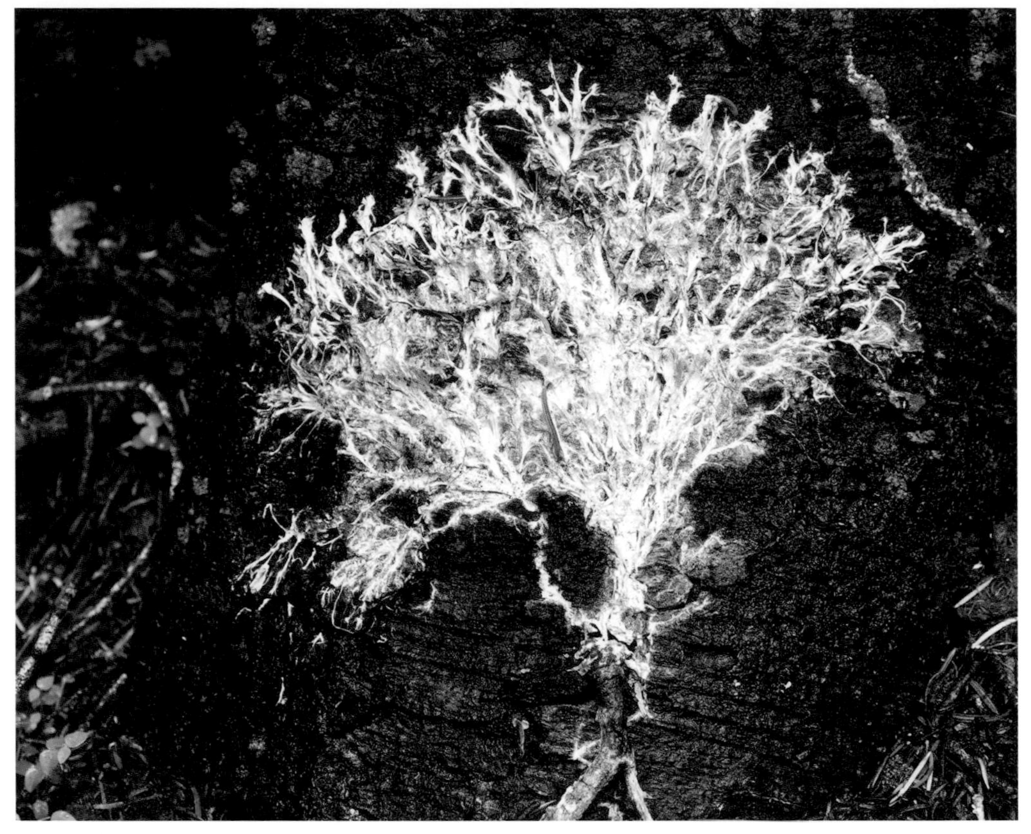

## 全林資訊網 The Wood Wide Web

蔓延的毯狀菌絲（hyphae），形成賞心悅目的樹形。或許，真菌想告訴我們什麼事？

菌根是真菌和植物的互利關係。「菌根」（mycorrhiza）這個詞是由十九世紀日耳曼植物學家亞伯特·伯恩哈德·法蘭克（Albert Bernhard Frank）所造，不過，科學家最近才開始明白菌根真正的規模和重要性。

菌根主要是由菌絲體形成，這是微型的絲狀網路，肉眼幾乎看不見，不過它的壽命太長、範圍太廣闊，因此世界上最古老且最龐大的一些生物，正是真菌。這種網絡連結了活植物的根部，既從植物的根部得到食物，又同時對植物的營養與生態系健康扮演了不可或缺的角色，提供樹木和其他植物分享及取得養分，並利用各種化學物質與電子訊號交流的方式。

## 矮盤灌叢 Krummholz

南美洲

火地群島南部醒目的「旗子樹」（flag tree）是風兒幾乎全年無休吹拂的結果。

矮盤灌叢是指生長在靠近亞極帶和亞高山棲地樹木線的緯度與海拔處的樹木，那裡的環境已到達樹木能生存的寒冷和暴露極限。「矮盤灌叢」這個名字幾乎完全用於針葉樹，不過包括了各式各樣的松、雲杉與冷杉，又稱為「高山矮曲林」（tuckamore、elfinwood）。矮盤灌叢受到冰冷寒風的吹拂塑造，表現出受抑制而扭曲的樹形。

## 10月1日

### 〈樺木林一號〉Birch Forest I

古斯塔夫・克林姆（Gustav Klimt, 1902）

克林姆捕捉了阿特爾湖周圍北方高山樺樹林的光華與幽暗。

阿特爾湖（Attersee）是薩爾斯堡（Salzburg）東方的一座大湖，澳洲象徵主義畫家古斯塔夫・克林姆在阿特爾湖畔度過了幾個夏天，在那裡創作了風景畫的龐大系列作，描繪土耳其藍的湖泊和森林鬱茂的腹地。這些森林畫作因為亮眼的色彩和景深的深度而聞名。克林姆應該使用了望遠鏡來觀察，確保即使遠方背景的樹木也和前景的樹木一樣細節分明。克林姆對森林非常執著，當地人戲稱他為「森林魔鬼」。

## 花旗松 Douglas Fir

**雷利格峽谷，蘇格蘭**

花旗松樹林原本是為了木材而種植，現在卻成為蘇格蘭一些地區的地標。

英國最高的樹是花旗松（*Pseudotsuga menziesii*），高度超過60公尺，目前的紀錄保持者是印威內斯市（Inverness）附近雷利格峽谷（Reelig Glen）的巨木，前一次測得的樹高是64公尺。這棵樹叫大花旗（Big Douglas），又稱Dùghall Mòr（蓋爾語，意思是「黑暗高大的陌生人」），源於十九世紀初由弗雷澤（Fraser）家族發起的植樹計畫。這座峽谷歷經五個世紀為該家族所有，最後在1949年賣給林業委員會。花旗松因為樹幹粗壯通直而受重視，例如大花旗的鄰居被用作羅伯特・法爾肯・史考特（Robert Falcon Scott）1901年極地探險船「發現號」的桅杆。

# 10月3日

## 樹上的山羊 Goats in Trees

**摩洛哥**

山羊展現了天生的敏捷身手，爬上摩洛哥堅果樹去吃富含油脂的果實。

摩洛哥堅果樹（*Argania spinosa*）節瘤延伸的枝條上，結出了類似皺縮橄欖的小果實。果實內的堅果可以製成寶貴的油，適用於烹飪、護髮或護膚。不過，這些樹會這麼受到遊客的歡迎，並不是因為果實或油，而是山羊群會若無其事站地在枝條高處。這些動物喜歡摩洛哥堅果帶苦味的果肉，堅果本身則會毫髮無傷地通過牠們的消化系統，隨著糞便掉落到樹下，任人收集和處理。當地農民發覺有機會在這裡賺取加倍的錢，不只能收集山羊消化過的堅果，也能讓遊客付費拍照。有些農民因為鼓勵更多山羊聚集在他們的樹上，而受到動物福利團體的批評。

## 寬葉椴樹 Large-leaved Linden or Lime

歐洲

一棵古老的寬葉椴樹開始染上第一抹秋色。

這種椴樹和小葉子的歐洲椴不同（見P361、P216），通常不會長出不定芽（萌蘗）。寬葉椴樹（*Tilia platyphyllos*）在野外相對罕見，因此雜交歐洲椴自然出現的機會有限。寬葉椴樹的葉片長六至十二公分，葉背覆蓋茸毛，樹皮為深灰色，平滑而易剝落。寬葉椴樹跟其他椴樹一樣，對昆蟲十分重要，會吸引大量的授粉者，樹上時常爬滿蚜蟲。蚜蟲排出的蜜露，會落滿葉片以及所有放在樹下超過數個小時的物體上。

## 10月5日

# 〈秋日的桑樹〉

The Mulberry Tree in Autumn

文森・梵谷（1889）

梵谷曾多次描繪桑樹，不過這次耀眼的嘗試特別令他滿意。畫中是聖雷米鎮莫索爾聖保羅療養院（Paul-de-Mausole asylum，曾為修道院）裡的一棵桑樹。1888年，梵谷精神狀態不佳，與藝術家友人保羅・高更（Paul Gauguin）起了衝突，並割掉自己的耳朵，之後在醫院待了一年。梵谷在聖雷米鎮的這段時光，作畫的效率異常得好，畫了大約一百五十幅油畫，然而他仍受病痛所苦，因而在1890年7月，以三十七歲之齡自殺，當時藝術界正開始肯定他的天賦（另見P211）。

梵谷經歷疾病帶來的混亂，但在他的藝術中得到抒發。梵谷在給弟弟的信中寫道，這幅畫是他最喜歡的作品。

## 10月6日

### 走私者隘口

Smugglers' Notch

美國

這條蜿蜒的路穿過佛蒙特州最高的隘口之一，在1930年代的禁酒時期，它曾經是走私酒類者偏好的一條隱密路線。現在，這條路比較為人所知的是美麗的景色，尤其是十月初知名的秋色濃到令人屏息。

## 10月7日

### 女人樹 Nariphon Trees

泰國

印度教和佛教神話中的女人樹，據說它所結的果實與美女神似。女人樹是誘餌，是由古老的吠陀諸神之王因陀羅（Indra）所創造，想對付那些在森林裡垂涎祂妻子的男人。如果有男人摘下誘人的果實，試圖和果實交媾，就會失去力量，陷入長達四個月的魔法睡夢中。

## 北歐花楸 Rowan or Mountain Ash

**歐亞大陸、非洲**

**上圖**：一隻歐歌鶇大啖花楸的漿果。

**左頁上圖**：著名的秋色景致在走私者隘口蔓延。

**左頁下圖**：泰國市場裡的這些保護符，聲稱是「乾燥的女人樹果實」，和真正的種子擺在一起販售。

北歐花楸（*Sorbus aucuparia*）是熱門的觀賞樹木，不僅提供了遮蔭，在春天裡還會綻放一叢叢白色泡沫般富含花蜜的花朵，鮮豔的漿果對冬日的鳥兒充滿吸引力，尤其是鶇鳥和連雀。北歐花楸之美掩蓋了它的堅韌，它在高地和高沼地邊緣的多岩稀少土地中生長，其適應力很強，所以在路邊和超市停車場長得很好。凱爾特文化很重視北歐花楸，時常把它種在住家和教堂的院子裡，保護住在屋裡或在教堂裡祈禱的人們。

## 10月9日

### 「倫巴第」楊樹
'Lombardy' Poplar
地中海

黑楊（*Populus nigra*）的一些栽培樹，具有高瘦而枝條平行的樹形，尤其當它們成為連棟屋街和大道的行道樹時，就是最顯眼的人文景觀特色。真正的倫巴第楊樹主要見於地中海型氣候，其他則是為了比較濕涼的環境所培育出的品種。但所有的品種都很短命，通常在四十年後的生存狀態就不太穩定。

## 10月10日

### 胡桃 Walnut

羅馬人十分重視胡桃樹，還把它們引入帝國各地，現在除了南極洲之外，其他大洲都有種植。胡桃樹（*Juglans regia*）幾乎全株都對人類都有用處。胡桃實際上是肉質水果的種子或果核，美味而營養豐富，據說能降低膽固醇。胡桃木紋理美麗，而胡桃的油亮葉片和果殼的萃取物都能當染劑、用於鞣革，或做為多種藥物的成分。

**上圖**：把這片葉子上下顛倒，可以看出銀杏的英文俗名'maidenhair'（直譯為少女毛，指陰毛）從何而來。

**左頁上圖**：倫巴第楊樹的名字取自義大利的省份，那裡的倫巴第楊樹十分醒目。

**左頁下圖**：成熟的胡桃從皺而硬的果殼中爆裂出來。

## 銀杏 Ginko or Maidenhair tree

銀杏是銀杏門（Ginkgophyta）這一整個植物類別中唯一的倖存者。化石證據顯示，銀杏（*Ginkgo biloba*）已經存在超過兩億七千萬年。銀杏很長壽，通常能活到一千年以上。它的扇形葉片十分獨特，葉脈從葉柄處散開，有些呈二叉狀。許多葉子在外緣有個缺刻，因此形成了種名中的兩瓣（*biloba*）。銀杏葉會在秋天轉黃後突然落下，有時這種變化會在一天內發生。銀杏是雌雄異株，雄樹會長出小毬果，成熟的雌樹會充滿「果實」，乍看類似漿果，成熟時，肉質種皮會有種討厭的嘔吐味，不過內部的堅果可食。雖然銀杏的萃取物聲稱有許多健康效益，但其益處微弱而不可靠，而且常見不良的副作用。

## 綿毛莢蒾 Wayfaring Tree

歐洲

綿毛莢蒾的果實對人類有毒，卻是越冬鳥類重要的食物來源。

綿毛莢蒾（*Viburnum lantana*）是樹籬和樹林裡矮小的樹木或灌木，尤其經常生長在白堊土壤上，它有皺皺的卵形葉，葉緣有細鋸齒，葉背毛茸茸的。春天裡，綿毛莢蒾的白花叢生，不過，最醒目的是果實成熟而從鮮紅轉黑的時候，一叢漿果裡有紅、有黑。從前，綿毛莢蒾在夏季長出的新枝長而柔韌，到了收成時節可以用作捆繩。至於稍微較老的莖，在乾燥之後變得僵硬強韌，很適合當箭桿。

10月13日

# 知識之樹或永生之樹

Tree of Knowledge or Tree of Immortality

老盧卡斯·克拉納赫（Lucas Cranach the Elder）所繪的〈亞當與夏娃〉，為繪於畫布板上的油畫（1526）。

知識之樹是三大主要亞伯拉罕諸教（Abrahamic religions，註：指基督宗教、伊斯蘭教與猶太教這三個有共同源頭的一神教）地區的主要主題，這些宗教的創世故事裡，花園裡長了智慧之樹，而亞當、夏娃被禁止觸碰智慧之樹或吃智慧之樹的果實。他們當然碰了，也吃了，在猶太－基督教版本中是受到蛇的影響，在伊斯蘭教的敘事中則是撒旦本人承諾永生。亞當和夏娃吃下智慧之樹的果實，犯下了第一個罪，被驅逐出去，讓後世所有人類踏上複雜而帶有缺陷的世間之道。

# *10*月 *14*日

## 海柏利昂與巨木 Hyperion and the Giants　美國

加州的北美紅杉森林是真正的巨木之境，擁有世界上最高的幾棵活樹木。

一棵名為「海柏利昂」(Hyperion) 的北美紅杉 (*Sequoia sempervirens*)，被認為是世界上最高的樹，因此是我們最高的地球同伴。海柏利昂的名字取自泰坦巨人 (Titans)，祂們是希臘神話中大地之母蓋亞與天空之神烏拉諾斯 (Uranus) 的巨大孩子。官方並未公布海柏利昂在加州紅木國家與州立公園中的確切位置，不過，在它附近的兩個鄰居——赫利俄斯 (Helios) 和伊卡若斯 (Icarus) 目前是第二、第三高的北美紅杉。2006年，海柏利昂樹高115.9公尺，每年緩慢長高3.9公分。但到了2031年，洪堡德紅木州立公園 (Humboldt Redwoods State Park) 的一棵樹將會超越海柏利昂。這棵挑戰者名為「悖論」(Paradox)，自從1995年以來，每年長高將近19公分，目前是世界第五高的樹。

## 如何測量一棵樹的高度 How to Measure a Tree

作者的兒子在測量一棵老當益壯的櫟樹。這棵樹和觀測者之間的距離大約等於樹高。

要為一棵直立的樹木測量樹高，有個可靠的辦法：找一根筆直的樹枝，長度等於你往前伸出手時手掌到眼睛的距離。接著，你要抓住樹枝的一端並伸直手臂，同時使樹枝直立；然後，從那棵樹旁邊退開，直到樹高似乎和那根樹枝相當。接著，測量你所在的點和樹木基部之間的距離，或是用步幅計算，這樣就能得到樹高的理想近似值。若從樹頂垂下卷尺，數字會更精準，但比較危險（見P199）。

10月16日

## 樹木的價值 The Value of a Tree

愛好自然的人都知道，一棵樹真正的價值不能以貨幣計算。我們努力種下小樹，卻無法阻止成熟的樹木遭到砍伐；那些樹根本無法取代。早期美國自然作家兼保育家蘇珊・菲尼莫・庫柏（Susan Fenimore Cooper），在一百七十年前所寫下的一段話，至今仍然十分貼切。

這些樹在幾元幾角的市場價格之外，還有其他價值；許多方面都與一國的文明息息相關；在智性和道德的意義上都有其重要性。一個新國家最初的粗暴階段過去之後（可以得到棲身處和食物之後），人們開始在住處附近，收集永久家園的設備和樂事，而農民通常會在門前種幾棵樹。雖然這很明智，卻只是第一步，我們還需要其他東西；保存現有的好樹是更大的進展，而我們至今還沒走到這一步。昨天才在門前種下六棵沒分枝的樹苗，今天就砍倒距離住家十幾公尺、比自家的任何樹好看一百倍的壯觀榆樹或櫟樹，這種事仍然常見。

——出自《鄉村時光》（*Rural Hours*），
蘇珊・菲尼莫・庫柏（1850）

## 柏南山毛櫸 Burnham Beeches

**英國**

摩根·費里曼（Morgan Freeman）拍攝《俠盜王子羅賓漢》（1991）時，在柏南山毛櫸的現場。

英格蘭東南部契爾屯丘（Chiltern Hills）上這片大名鼎鼎的樹林，歷史十分悠久。最有名的是林中高大的山毛櫸，其平滑的樹幹和粗壯的枝條，讓人聯想到活生生的大教堂。當地由倫敦市所有，樹木以傳統的樹冠修剪技術來管理，讓樹木能夠長命百歲。由於這座永恆的森林離城市和一些大製片廠不遠，因此成為熱門的拍攝景點，包括《俠盜王子羅賓漢》（*Prince of Thieves*）、《公主新娘》（*The Princess Bride*）和《哈利波特》系列的部分集數，都是在這裡誕生的。

## 歐亞花楸 Service Tree
歐洲

根據歷史資料顯示，真正的歐亞花楸（*Sorbus domestica*）在歐洲的分布範圍，曾經比現在更常見、更常有人栽培。現今，歐亞花楸幾乎在任何地方都很罕見，或被視為瀕臨絕種，尤其是英國；歐亞花楸是英國最稀有的樹種之一。有一棵生長在懷爾森林（Wyre Forest）的歐亞花楸，英文俗稱是‘Whitty Pear’（羽狀葉山梨），被燒毀於1862年的一場林火，它是當時英國已知的唯一樣本。後來，人們在南威爾斯、格洛斯特郡和康瓦爾難以接近的崖壁上，發現了小型族群。

它的果實因品種而異，很像迷你蘋果或梨子，又酸又硬，吃起來充滿顆粒感，但過熟之後會大幅變甜。古希臘人會拿歐亞花楸果來醃漬，而歐洲的一些地方仍會收集它的果實來製作類似蘋果酒或梨酒的酒類飲品。

歐亞花楸（羽狀葉山梨）有著彈珠大小的果實。

## 10月19日

# 鮑希絲與菲勒蒙 Baucis and Philemon

亞瑟·拉克姆（Arthur Rackham）賞心悅目的插畫，描繪了菲勒蒙和鮑希絲彼此交纏的仁慈來世——他變成了櫟樹，她則變成椴樹。

著名古羅馬詩人奧維德（Ovid）當初寫下的一個故事，後來衍生出許多版本。故事中，鮑希絲和菲勒蒙是一對老夫妻，雖然貧窮，但鎮上卻只有他們願意熱情款待兩個來訪的陌生人。凡人皆不知，這兩位旅人其實是易容旅行的神祇——在希臘神話中是宙斯（Zeus）和赫爾墨斯（Hermes），羅馬版本則是朱比特（Jupiter）和墨利丘（Mercury）。當這兩位神用洪水摧毀小鎮和自私的鎮民時，為了酬謝這對夫妻，便拯救了他們的性命，並讓他們簡陋家園的所在處，變成一間美麗的神殿，同時讓他們成為神殿的管理人。這兩位神也實現了夫妻倆的願望，讓兩人永不分離，不能同日生，但能同日死。兩人死後，變成了兩棵交纏的樹，一棵是櫟樹，一棵是椴樹。

## 庫賓頓梨樹 Cubbington Pear

**英國**

沃里克郡的抗議者，使世人注意到樹齡兩百五十歲的庫賓頓梨樹的困境。幾天後，這棵庫賓頓梨樹被砍倒，讓路給HS2鐵路。

直到2011年，沃里克郡庫賓頓村（Cubbington）附近田界上這棵高大而樹形雅致的梨子樹，是當地的小地標。它的樹齡應該有兩百五十歲左右，是英國第二老的梨樹，春天時綻放白色繁花，看起來彷彿下了一場大雪，格外美麗。但為了建造爭議重重的HS2高速鐵路，必須將那片土地整平，而在拯救梨樹的過程中，更多民眾認識了這棵梨樹。2015年，庫賓頓梨樹獲選為英國年度樹木，被當地野生生物信託形容為所有受HS2計畫威脅樹木中的榜樣。歷經多年抗議與陳情，收集了兩萬份簽名之後，庫賓頓梨樹仍在2020年10月20日遭到砍下。人們從樹上取下了數十根插條，種在附近，至少目前有些存活了下來。

# 10月21日

## 歐洲落葉松 European Larch

歐洲

針葉樹幾乎都是常綠樹木，不常以顏色著稱，不過，落葉松在秋天非常亮眼。

落葉松通常生長在針葉樹之間，屬於落葉樹，其短而柔軟的針葉會在冬天脫落，到了春天則一口氣長出滿樹翠綠的新葉。歐洲落葉松（*Larix decidua*）是雌雄同株，一棵樹上有雌花，也有雄花，雄花長在嫩枝的下側，雌花（有時俗稱為落葉松玫瑰）長在嫩枝先端。雌花會結成小型毬果，它裡面的種子讓麻雀和雀鳥趨之若鶩。落葉松的顏色變化劇烈，春天翠綠，秋天金黃，在常綠的針葉林地中顯得十分醒目。

## 維恩威的巨掌

### The Giant Hand of Vyrnwy

**威爾斯**

威爾斯波伊斯郡（Powys）的維恩威湖莊園裡，有一棵巨大的花旗松在一場暴風雨中受損，不得不砍掉。那棵花旗松先前是英國最高的兩棵樹之一，樹高63.7公尺，因此沒有將它齊地砍倒，而是很有創意地打造了一個新地標。林務官的那一刀動在花旗松受損的那個點，留下了15公尺的樹樁，接下來由鏈鋸藝術家賽門．歐洛克（Simon O'Rourke）把樹樁雕刻成一隻大手，象徵大樹再次伸向天際。

高大的維恩威花旗松樹樁，在原址由賽門．歐洛克雕刻，化身為藝術品，再活了一次。

## *10*月*23*日

我想大概永遠不會看到
有詩可愛得像樹木。
樹木飢餓的嘴貼在
大地甜美富饒的胸脯；
樹成天注視著上天，
伸出翠綠雙手來祈禱；
這樹可能會在夏天
髮際間棲息著知更鳥；
大樹懷中白雪飄落；
總有雨水親密共存。
作詩者皆愚痴如我；
但唯有神能創造樹。

——〈樹〉（Trees），
喬伊斯．基爾默
（Joyce Kilmer, 1913）

## 日光園猴麵包樹 The Sunland Baobab

南非

猴麵包樹的樹幹格外粗壯；不過，日光園猴麵包樹樹幹內的空洞更是龐大。

南非林波波省（Limpopo）莫賈吉斯克盧夫（Modjadjiskloof）附近的日光園農場（Sunland Farm）有棵巨大的猢猻樹（*Adansonia digitata*），總樹圍（含板根）為47公尺，樹幹直徑10.64公尺。放射性碳定年法檢測顯示，這棵樹超過一千歲了。樹幹上有個自然形成的凹洞，1993年，人們清除了腐朽處，在裡面發現一些文物，顯示布希曼人（bushmen）和早期的荷蘭移民都曾在這棵樹漫長的生命中造訪它。其樹幹大到足以容納一間小酒吧和酒窖，酒吧內部的高度將近4公尺，多達十五名客人可以舒舒服服地坐在裡面。2016年和2017年有部分樹幹倒下，但樹本身還是活了下來。

## 秋葉的色素 Autumn Leaf Pigment

夏末，樹葉的葉綠素分解，顯露出其他色素的顏色。

一到秋季，許多落葉樹葉子的顏色常常改變，反映了葉子中的色素變化。照片中的楓葉，夏季時因為含有葉綠素這種色素，所以是綠色的。葉綠素這種化學物質負責收集陽光，為光合作用提供能量，把水和二氧化碳轉化成糖與氧氣。黃、橙和金色都來自一群色素——類胡蘿蔔素。夏季時，類胡蘿蔔素也存在於葉子裡，但被大量葉綠素的濃綠給蓋過了。直到葉綠素濃度降低，類胡蘿蔔素的暖色調才會顯現。紅色和紫色來自於另一群色素——花青素（anthocyanin），是隨著秋季過去，因應樹液化學變化而合成的色素。花青素的產生機制對陽光很敏感，因此一個地區或一年的秋色濃淡，會隨著盛行的氣候而變化。

**右圖**：戴安娜紀念遊樂場附近一棵八百歲櫟樹的樹幹上，住了數十隻小精靈、地精、仙子、巫婆和林子裡的動物。

**右頁上圖**：奧德賽的船員吃了棗蓮的果實而中毒，他半扛半拖著愚蠢的船員，離開食蓮人的地方。

**右頁下圖**：生命之樹的假樹上有數以百計的生物雕像，讓佛羅里達迪士尼樂園排隊等待進入動物王國劇院的遊客，可以觀賞並打發時間。

## 精靈櫟樹 The Elfin Oak

### 倫敦肯辛頓花園

這棵空心的櫟樹樹幹原本生長在里奇蒙公園（Richmond Park），1928年移到了肯辛頓花園。藝術家艾佛・英內斯（Ivor Innes）在長出節瘤的木材上，雕刻出數十個小人偶並上色，彷彿那些傢伙就住在樹上，而他妻子艾希（Elsie）寫了一本書，敘述這些小傢伙的離奇故事。英內斯在世時，持續照顧櫟樹和樹上的角色，但這些雕刻品仍在他死後腐朽。1996年，戲劇演員史派克・密利根（Spike Milligan）發起請願，這些雕刻品才得以修復。密利根也協助為一些人偶重新上漆。這棵櫟樹現在被圍在金屬籠中，以避免受損。

10月27日

## 棗蓮 Lotus Tree

地中海

棗蓮（*Ziziphus lotus*）是鼠李科的低矮常綠樹木，卵形葉片十分油亮，金黃色的果實貌似迷你李子。神話中，奧德賽（Odysseus）造訪過的一座島上長滿了棗蓮（英文俗名為'lotus tree'，意思是「蓮樹」），當地的食蓮人（lotophagi）在食用棗蓮後，會進入一種沉溺而冷漠的恍惚狀態，忘卻他們重視的一切。

10月28日

## 迪士尼的生命之樹

Disney Tree of Life

美國

佛羅里達州迪士尼樂園的動物王國主題公園中央有一座島，島上有一棵樹雕。這棵世界之樹既是雕刻品，也是造景，更是容納四百二十八人的電影院，靈感來自猴麵包樹，有超過三百種現存與絕種動物，被雕刻在樹幹上或製成模型融入樹幹，還有逾八千根樹枝。整個結構是一座廢棄的鑽油平台。

**上圖**：懷俄明州的大蒂頓國家公園（Grand Teton National Park）中，美洲顫楊在秋色中熠熠生輝。

**右頁上圖**：大菩提寺院內中央的一棵菩提樹。

**右頁下圖**：這棵古老的紫杉據說會在萬聖夜出現不祥的預兆。

## 美洲顫楊 American Quaking Aspen

北美洲

美洲顫楊（*Populus tremuloides*）是北美各地自然分布最廣的樹木，從阿拉斯加和加拿大北部一路到新墨西哥都有生長，不過，在南方只見於海拔比較高的地方。美洲顫楊和近親歐洲顫楊一樣，以葉片閃爍顫動聞名，葉子在秋季會變成黃澄澄的金色。美洲顫楊很容易以不定芽（萌蘗）繁殖，因此會形成龐大的灌木叢，全部是遺傳相同的純系（見P239）。美洲顫楊也是顫楊稀樹草原的典型特色，這種介於大草原和寒帶森林之間的過渡生態群系，覆蓋了加拿大和美國本土北部的大片土地。

10月30日

## 大菩提樹

The Mahabodhi Tree　印度

印度比哈爾邦（Bihar）菩提伽耶（Bodh Gaya）的大菩提寺（Mahabodhi Temple）裡，目前種植的菩提樹，代表了大約西元前500年蔭蔽佛陀開悟的菩提樹。原本那棵樹周圍的寺院，是由西元前265年到238年在位且遵循佛陀教誨的皇帝阿育工（Ashoka）建造。菩提樹已經換新了幾次，最近一次是1881年，由英國考古學家亞歷山大・康寧漢（Alexander Cunningham）種下。

## 蘭格尼維紫杉

Llangernyw Yew　威爾斯

這棵高大的紫杉生長在北威爾斯的蘭格尼維村（Llangernyw）的聖迪加因（St Digain）教堂的庭院內，樹齡估計超過四千歲，不過，它和大多古老的紫杉一樣，樹幹在幾個世紀前就中空並裂開了，因此很難得知它確切的年紀。每年萬聖節，教區膽子大的居民會聚在這棵樹旁，據說會有鬼魂似的影像——記錄天使（Angelystor）現身，宣布哪些人隔年將死去。

## 歐洲顫楊 Eurasian Aspen

歐亞洲

歐洲顫楊自然分布的範圍非常遼闊，從冰島和西方的英倫諸島，到東方的堪察加（Kamchatka）。

這種在歐亞洲涼溫帶很受歡迎的樹木是落葉樹，春天裡，雄花和雌花的葇荑花序分別生長在不同的樹上。受粉的雌花會結子，外觀就像毛茸茸的降落傘，能乘風飛到好幾里之外。歐洲顫楊（*Populus tremula*）也會用不定芽（萌蘗）繁殖，也就是它的莖或樹根在地下的芽會長出嫩枝。顫楊的拉丁學名和特性，源於扁平柔韌的長柄（葉柄），而邊緣不規則的圓形葉子長在葉柄上，一絲微風就能吹得葉片飛舞。這種閃爍的動態和伴隨的聲音，與各種仙子或靈界的神話連結在一起，據說在凱爾特人的葬禮中，會放下楊樹做成的冠冕，讓死者順利到達冥界。

## 落葉松凱爾特十字 Celtic Cross of Larch

**愛爾蘭多尼哥爾郡**

凱爾特十字源於中世紀早期的英倫群島，在凱爾特海島藝術中成為熱門的主題。

2016年秋天，飛向北愛爾蘭德立機場（Derry Airport）的乘客注意到一個驚人的新地標——多尼哥爾郡（Donegal）拉甘谷（Lagan Valley）的森林裡，有一個巨大的金黃色凱爾特十字。十字架是由三千棵日本落葉松（*Larix kaempferi*）組成。日本落葉松和周圍的常綠樹木不同，在秋天會轉為金黃色。後來人們才知道那是當地林務官連恩·艾莫瑞（Liam Emery）的傑作，他在2000年代初種下那片林地，可惜沒能活著看到成果。

這不是人類第一次這樣運用落葉松了。1992年，人們在為德國布蘭登堡邦（Brandenburg）的一座森林進行繪測調查時，發現了一個巨型的卍字，判斷是1930年代為了慶祝希特勒生日而種下的，之後遭人忘卻。這個巨型符號在2000年被移除。

11月3日

## 光雷射樹木成像 LiDAR Tree Imaging

光雷達掃描技術可以用於分析個別樹木的結構，或是像上面的這張圖片，用於調查整片地景的地形。

樹形的碎形複雜度十分可觀，一向令研究樹木結構的專家頭疼，因為愈是研究一棵樹，就會發現愈多細節。不過，現在有一種雷射技術──光雷達（LiDAR, Light detection and ranging）可以派上用場了。這種技術是把掃描器放在一棵樹的四周，圍成一圈，記錄樹木結構的驚人細節。之後，用得到的資料產生電腦模式，就可以提供一些資訊，例如樹木木材的確切體積，以及分枝的總長與總數。

然而，光雷達無法為樹木藏在地下的部分提供類似的細節；地下部其實一樣重要，而且更加錯綜複雜。

## 金合歡警報 Thorn Tree Warnings

非洲

樹木無法完全逃過飢餓的草食動物的啃食，不過倒是有策略可以減少損害，包括化學通訊。

樹木之間會以化學通訊的第一個科學證據，來自針對生長於東非稀樹草原的非洲金合歡屬（*Vachellia* spp.）所做的一個研究。長頸鹿的舌頭很長，雖然金合歡有刺保護，牠仍然吃得到金合歡的葉子。研究人員發現，長頸鹿總是站在每棵樹的上風處，通常會跳過幾棵樹之後，才繼續進食。原來這是為了規避另一種防禦手段。金合歡被咬嚙時，葉子裡帶苦味的單寧濃度會大增，使得吃葉子的動物只吃一下就會離開。受傷的樹也會釋放乙烯氣體，它的鄰居（尤其下風處的）感應到之後，會回應這種「化學尖叫」，增加單寧的產量，因此得到了事先的保護。

# 兆樹計畫 The Trillion Tree Campaign

樹木只要種在對的地方，就有潛力吸收大氣中大量的碳。其他的益處還有減輕洪患、控制土壤侵蝕、管理污染，以及提高生物多樣性。

2015年，生態學家兼社運人士托馬斯·克勞瑟估計全球的樹木族群大約三兆棵（見P231）之後，預估地球還有空間可以生長一兆兩千億棵樹，而且不會損失生產或其他生態系所需的任何土地面積。此外，額外的一兆兩千億棵樹可以吸收大量的二氧化碳，其數量之高使得目前為了減緩氣候變遷而提出的所有碳捕捉技術都相形失色。「種樹救地球」（Plant-for-the-Planet）這個青年領軍的組織接下了這項挑戰，做為2006年聯合國發起的

「十億樹計畫」（Billion Tree Campaign）的延伸計畫。新目標野心勃勃，不過先前已經種下了一百五十億棵樹（其中光是印度就種了二十億棵），而且世界各地的政府、私人企業和社群都承諾參與，所以一兆棵樹的目標不至於遙不可及。

## 〈秋日午後，威薩希肯〉

Autumn Afternoon, the Wissahickon

**湯瑪斯・摩蘭（Thomas Moran, 1864）**

威薩希肯溪在費城流入斯庫基爾河（Schuylkill）。這條溪大部分的河段都列為自然地標而受到保護，可歸功於這幅畫。

這片田園般的景象，所描繪的地點距離費城不遠。美國南北戰爭期間，費城正在迅速工業化，不過這片景致裡既不見戰爭的氛圍，也看不到工業化的跡象。湯瑪斯・摩蘭把重點放在自然之美與戲劇性。空氣平靜透明，色彩鮮豔耀眼，溫馴的牛隻啜飲清澈河水。這幅畫即使在當時也是十足的懷舊景色，但摩蘭仍然深深引以為傲，而且值得他自豪。

## 歐洲赤松 Scots Pine

**歐亞大陸**

歐洲赤松是先驅植物，不過放牧壓力限制了歐洲赤松占據裸露地面的天生能力。

這種針葉樹獨特而堅韌，英文俗名雖然稱為‘Scots Pine’（蘇格蘭松），但其原生地根本不限於蘇格蘭，自然分布的範圍很廣大，從愛爾蘭向東橫越歐亞大陸，直到中國東部，南起土耳其，北至北斯堪地那維亞。歐洲赤松（*Pinus sylvestris*）在其他地方有各種俗名，例如，波羅的海松（Baltic pine）、蒙古松（Mongolian pine）、里加松（Riga pine），而林務官通常稱之為歐洲紅木。歐洲赤松是英倫諸島唯一原生的松樹，特徵通常是生長時下層枝幹脫落、樹皮易剝落而有裂紋。它的樹皮在接近基部處呈灰色，更高處通常是溫暖的赤褐色，松針微微扭曲，二針一束。它的毬果是紅褐色，堅固的果鱗外側有圓圓的突起。

11月8日

## 桃花心木 Mahogany

### 中南美洲

這幅手繪的銅版畫，畫中是現在瀕危的西印度群島桃花心木（*Swietenia mahagoni*），出自於義大利文的《自然科學詞典》（*Dictionary of Natural Science*，1837）。

真正的桃花心木，是指桃花心木屬（*Swietenia* spp.）中三種美麗、紋理細致而帶著紅色光澤的木材，這三種樹都原產於中美洲、南美洲和加勒比海地區。「桃花心木」這個名字也用於稱呼非洲的樹種，例如白卡雅楝（*Khaya anthotheca*，這是原版正牌的m'oganwo，也是其他「桃花心木」〔mahogany〕的名稱由來），還有除了木材相似之外沒那麼名正言順的中國、印度、印尼和紐西蘭樹種。桃花心木屬的樹種都因為濫伐而瀕危，目前從原生林出口的木材，大多來自盜伐。桃花心木是宏都拉斯和貝里斯的國樹。

## 〈沃德蓋特樹林，11月6日、9日〉

Woldgate Woods, 6 & 9 November

**大衛・霍克尼（David Hockney, 2006）**

霍克尼筆下的沃德蓋特樹林，參與了2012年一場大型展覽「大全局」（A Bigger Picture）。

出生在約克郡的藝術家大衛・霍克尼一直深受樹木吸引。在1990年代和2000年代，霍克尼花了幾季的時間，創作了約克郡丘陵的粉彩風景畫，包括沃德蓋特（Woldgate，是一條掛著維京名字的羅馬統治時期建造的道路）沿路樹林的一整個系列。霍克尼一再回到沃德蓋特樹林，在各個季節拍攝並描繪樹林，有時用傳統顏料，有時用iPad，他是第一個用iPad作畫的藝術家。

# 11月10日

## 野花楸 Wild Service Tree

歐洲

野花楸的葉子形狀有缺刻，也有鋸齒，到了秋季就會變成金黃色。

野花楸（*Sorbus torminalis*）曾是廣為人知的樹木，它的褐色小果實俗稱「跳棋」（chequer），在冬天的初霜過後會軟化，被視為甜食。現在，野花楸數量大減，不再那麼為人所知。野花楸主要靠著不定芽（萌櫱）擴張，所以被視為老齡林的指標，不過，傳統上也會將野花楸種在屋宅和旅店的花園裡（「跳棋」仍是常見的旅店和酒吧店名），人們會將果實摘回家食用、販售，或是拿來為酒精飲料調味。另見P291的歐亞花楸（*Sorbus domestica*）。

## 〈我們正在打造新世界〉We Are Making a New World

保羅．納許（Paul Nash, 1918）

保羅．納許這幅畫作充滿絕望，描繪了受污染、殘破的不毛之地，這是從前的林地環境中發生戰爭所導致的景象。

這幅作品後來成為保羅．納許最著名之作，根據的是第一次世界大戰，比利時伊珀爾市（Ypres）附近的英佛內斯（Inverness）矮林在西部戰線帕尚代爾之役（Battle of Passchendaele）受破壞的素描。讓納許震驚的，不只人類的戰爭經驗，還有自然界受到的毀壞。他在1917年給妻子的信寫道：

> 我是個信使，寫信的人正在對抗那些要戰爭永遠繼續下去的傢伙。我的訊息無力而模糊，含有苦澀的真相，願真相燒毀他們卑鄙的靈魂。

這幅畫最初發表時沒有具名，僅是官方的戰爭藝術品，不過後續加上強烈控訴的題名，使畫作承載了不同的意涵。

## 邊材與心材 Sapwood and Heartwood

這棵夏櫟不久前才被鋸下，邊材清楚可見，是樹皮下顏色微微較深的那一層。中央顏色較淡的木材是心材。

樹木生長時，會長出新的木材；木材其實是由緊密聚在一起的管道「木質部」所形成的。木質部原本是活細胞，細胞壁以複合有機聚合物「木質素」強化，這是生物界最強韌的物質之一。這些導管是植物的管道系統，可以把樹液從樹根送向枝葉。新的木材是在樹木外圍形成，年復一年，從前生長的木材外面又長出新的木材。最後，舊木材中的樹液會停止流動，許多樹種的木材會死去，但也會變得更不易腐朽。這種所謂的心材，其顏色常常跟外側的邊材稍有不同。不過，心材已經沒有生命，所以樹木少了心材也能活得很好，而老樹即使樹幹完全中空，也能活上幾個世紀。

## 〈當斯山丘上的樹林〉Wood on the Downs

保羅・納許（1930）

保羅・納許大部分的童年都在白金漢郡度過，丘陵地景簡潔如雕塑的特質與高聳的山毛櫸林子，仍是納許風景畫最喜愛的一個主題。

年輕的保羅・納許在成為藝術家之前，曾經野心勃勃地想當建築師，他描繪這些秋日的山毛櫸，其樹幹平滑呈圓柱狀，有種教堂正廳般的獨特特質。題名中的山丘是白金漢郡的北當斯山丘（North Downs），遠方有艾文豪丘（Ivinghoe Beacon）醒目的白堊圓峰。這個景色是納許參考1929年在路邊畫的素描所繪。雖然當地生長的樹木不同了，但在阿什里奇（Ashridge）莊園的停車場仍然看得到差不多的景色。

## 闍耶室利摩訶菩提樹 Jaya Sri Maha Bodhi
**斯里蘭卡**

闍耶室利摩訶菩提樹是兩千多年前的一份禮物，至今仍在西元前288年種下的位置欣欣向榮。

斯里蘭卡阿努拉德普勒區（Anuradhapura）的這棵菩提樹（*Ficus religiosa*），據說是世界上已知樹齡的樹木中最早被種下的，而且是由原本蔭蔽佛陀開悟的那棵菩提樹（見P341）枝條長出來的。這棵子樹是僧伽蜜多（Saṅghamittā）的贈禮，她與父親（印度皇帝阿育王）一起將佛教傳到亞洲各地。這棵樹是在西元前288年由斯里蘭卡的天愛帝須（Devanampiya Tissa）種下，至今仍然屹立，2021年的樹齡是2309歲。世界各地的特定地點也種了其他小菩提樹，菩提樹仍時常被當作禮物來饋贈。

## 烏普撒拉聖樹 Sacred Tree of Uppsala　瑞典

1555年，由瑞典基督教學者兼作家烏勞斯．馬格努斯所描繪的烏普撒拉神殿與聖樹。

瑞典城鎮烏普撒拉從西元三世紀起，就是該國的宗教中心。根據北歐最早的歷史紀錄——中世紀學者不萊梅的亞當（Adam of Bremen）所著的《漢堡大主教史》（*Gesta Hammaburgensis ecclesiae pontificum*），烏普撒拉有一座北歐神祇的重要神殿，殿旁有一棵聖樹。據說那棵樹是常綠樹，歷史學家推論它可能是紫杉，不萊梅則故弄玄虛，堅持沒人知道那是什麼樹。不過，不萊梅倒是寫下了駭人的紀錄：樹旁的一道泉水用於活人獻祭，人們相信，如果沒找到祭品的遺體，神就會應允祈求。1555年，烏勞斯．馬格努斯（Olof Månsson）的記述中曾出現這幅版畫。畫中有神殿、聖樹和活人獻祭，活人祭品看起來比較像在泡澡。

# 11月16日

## 瓦蒂薩化石，最早的樹木

*Wattieza* Fossils – the First Trees　美國

這一截石化樹樁原本的樹木，屬於地球上已知最早的一片森林。

1920年代，紐約州卡茨基爾山脈（Catskill Mountains）採石場的工人，為了建水壩而開始在吉波亞（Gilboa）炸岩石，發現了似乎是石化樹樁的物體。樹木很容易石化，所以石化的樹樁並非不尋常。驚人的是這些石化樹樁的年代，據估計已存在三億八千五百萬年，因此是已知最古老的樹木形態。人們花了八十年的時間，找出樹樁和其他化石的關聯，組合出完整的結構，包括高瘦的樹幹和類似蕨類枝葉所形成的樹冠。吉波亞樹在植物學上歸為瓦蒂薩屬（*Wattieza*），可長到大約八公尺高，因而在地球上產生了全新的棲地：有遮蔽而潮濕、資源豐富的空間，各式各樣的動物都能在其中發展。

## 伊莉莎白女王櫟樹 Queen Elizabeth Oak

英國

伊莉莎白二世1995年造訪赫特福德郡的哈特菲爾德莊園，接著又種下一棵櫟樹做為紀念。

說來驚人，許多有歷史意義的事件，據說都發生在大樹下。櫟樹和紫杉經常成為主角（至少在北方溫帶地區是如此），多少是因為它高大而長壽，成為天然的地標，也因為這兩類樹木以堅固、強韌著稱，故事說起來更有分量。赫特福德郡哈特菲爾德莊園（Hatfield House）中有一棵古老的櫟樹，據說1558年，亨利八世和安・波琳（Anne Boleyn）的女兒伊莉莎白，在這棵樹下得知她同父異母的姊姊瑪麗過世，而她成了女王。原本的那棵樹在二十世紀初死去，樹樁在1978年移除；1985年，伊莉莎白二世種下了一棵新的伊莉莎白女王櫟樹。

# 11月18日

種樹的最佳時機是二十年前。其次是現在。

——中國諺語

## 活樹樁 Living Stumps

**上圖**：這截樹樁和周圍的樹木連結，即始沒有葉子，也存活了下來，切口處已經癒合。

**左頁圖**：〈琴鶴圖〉，水墨絲絹畫，明朝。

在樹木倒下後，未必就是結束。許多樹種很適應暴風雨或動物的活動所造成的自然損害（河貍和大象經常弄倒樹木），有些被切斷或折斷的樹樁都能再度生長。這是矮林作業的基礎（見P259）。

有些樹種的樹樁無法再次生長，不能再產生自己的食物，卻可能靠著儲存在木質組織中的能量，多存活幾年。有時樹木生前和鄰近的樹木建立了地下連結，樹樁就能活得更久。這些連結可能是直接的樹根融合，也可能是間接的，依賴菌根菌形成的網絡（見P272）。附近的樹木透過這些連結，分享水和營養給倒下的同胞的樹樁，幾乎可以讓樹樁永遠活下去。有些活樹樁已經活了上百年。

## 教堂紫杉

Church Yews

英國

紫杉是基督教教堂庭院中常見的景象，而且時常比教堂本身更古老。紫杉一向被視為生命的象徵，經常是異教地區聖地的重要特色。中世紀裡，隨著基督教的傳播，教會取得這些地方並延續某些相關傳統，會比從頭開始簡單，而且不易引起動亂。格洛斯特郡斯托昂澤沃爾德鎮（Stow-on-the-Wold）的聖愛德華教堂門邊長著紫杉，應該啟發了托爾金對中土摩瑞亞（Moria）精靈之門的敘述。

格洛斯特郡斯托昂澤沃爾德鎮的聖愛德華教堂大門兩旁，有著樹幹扭曲、奇形怪狀的紫杉。

## 洋桐槭山口 Sycamore Gap

**英國**

大約一千九百年前，哈德良長城標誌著羅馬占領下的不列顛北側邊界，另一邊則是由皮克特（Pictish）、蓋爾部族掌控的北方土地。而洋桐槭的樹齡則僅僅幾百歲。

這棵樹齡數百歲的洋桐槭（*Acer pseudoplatanus*）生長在羅馬防禦工事——哈德良長城（Hadrian's Wall）旁，靠近諾森伯蘭郡（Northumberland）的峭壁湖（Crag Lough），輕鬆成為英國最上相的樹木之一。它之所以名聞天下，是因為1991年曾在凱文．柯斯納（Kevin Costner）主演的電影《俠盜王子羅賓漢》（*Robin Hood: Prince of Thieves*）裡亮相。一群找碴狂抨擊這部電影的時間線，羅賓漢在英國南方多佛海岸的白色懸崖上岸，然後在靠近蘇格蘭邊界的洋桐槭所在處，與吉斯本的蓋伊（Guy of Gisborne）鬥毆，卻仍在入夜時到達英格蘭東密德蘭區（East Midlands）的雪伍德森林。不過這似乎完全無損這棵樹的名聲，2016年，這棵洋桐槭被提名為英國的年度樹木。

## 哈爾納克谷道 Halnaker Holloway
**英國**

谷道是古老的步道，因為人獸踩踏和雨水沖刷而往下凹陷成形。

這條可愛的小巷現在是寧靜的步道，從西薩塞克斯（West Sussex）的哈爾納克村（Halnaker）通往一座完好但不再運作的風車，這裡曾是公路，屬於石街（Stane Street）這條羅馬統治時期道路的路段，而石街的兩端連接了奇徹斯特市（Chichester）和倫敦橋（London Bridge）。這是谷道（holloway）的典型例子，樹木間的小路路面因為幾個世紀的踩踏和侵蝕而逐漸磨耗並往下凹陷。

## 枯立木 Standing Dead Wood

占據枯立木棲地的生物群落，不同於枯倒木棲地的生物群落，因為枯倒木可能很潮濕，腐爛得比較快。

對樹木來說，死亡是生命的一部分。在自然狀態下，樹木通常是一點一點緩慢地死去，即使是健康的樹也會在巔峰時期出現所謂的老樹特徵，例如腐朽的樹洞。最先死去的是心材；罹病或受損的枝條可能死去很久後才會脫落。這時，逐漸腐朽的木材變得對各式各樣的生命很有用處。真菌和無脊椎動物是最醒目的腐木食性（saproxylic，吃枯木）生命形態，不過，其他生物也會利用樹上的空洞，築成巢穴或棲息處等等。

**上圖**：一幅十九世紀的版畫描繪了石炭紀稱霸熱帶風景的各式各樣樹狀蕨類。

**右頁上圖**：新南威爾斯州北部河流地區格拉夫頓鎮的著名藍花楹盛開風景。

**右頁下圖**：樹齡和樹高相近的純林，在樹冠層次似乎會尊重彼此的空間。

## 成煤森林 Coal Forests

煤炭是可燃性的碳基化石岩，由保存下來的植物殘骸形成。那些植物曾在地質年代的石炭紀晚期和二疊紀（大約距今三億兩千萬到兩億五千萬年前），占據今日歐洲、亞洲和北美的大片陸塊。這些植物包括早期的樹木（例如鱗木、石松、木賊和種子蕨），它們活著的時候形成廣大的史前濕地森林。二疊紀之後，那樣的森林雖然繼續生長，但細菌和真菌演化出新能力，能分解植物木質組織的複雜分子，使得木質組織比較不可能保存下來，成煤時代就此結束。這些遼闊的森林對地球的大氣和氣候有著漸進但深遠的影響，會吸收碳，降低全球溫度。然而，燃燒石化燃料在眨眼間就逆轉了這個過程。

## 11月25日

## 藍花楹 Jacaranda

澳洲

這種賞心悅目的觀賞樹木原生於南美，在世界各地暖溫帶到熱帶地區的城鎮廣泛栽植為行道樹。對許多社群來說，藍花楹（*Jacaranda mimosifolia*）開花都是一場盛事。澳洲的城鎮格拉夫頓（Grafton）每年都有藍花楹慶典，不過，藍花楹的花期正好是考試季，因此學生把考試壓力稱為「紫色恐慌」。

## 11月26日

## 樹冠羞避

Crown Shyness

「樹冠羞避」這種生物現象，是指密生的同一種樹木會調控分枝的生長，不讓樹冠重疊，因此不會遮蔽鄰居的葉子，對彼此不利。

莫里斯．桑達克作品《野獸國》電影版中的一幕。

## 「那晚，麥克斯的房間裡長出了一片森林……」
## 'That Night, In Max's Room, A Forest Grew...'

森林是故事起始之處，從史詩《吉爾伽美什》、格林兄弟的童話集，到莫里斯．桑達克（Maurice Sendak）引起轟動的鉅作《野獸國》（*Where the Wild Things*）都不例外。我們就像吉爾伽美什、漢斯與葛瑞妲（Hansel and Gretel），和粗野的小麥克斯（Max）一樣，深深受到森林的吸引，讓我們的想像力恣意奔放，套一句離經叛道的博物學家兼作家羅傑．迪金（Roger Deakin）的說法，「先迷失，再找到自己」。

## 樹皮 Bark

樹皮的構造，從左上起順時針：櫟樹、樺樹、歐洲栗、松樹。

樹皮是由外側一層死亡組織「落皮層」（rhytidome）和活的內層所組成，內層包括樹木的維管束系統，其中有韌皮部的篩管，負責把光合作用過程中產生的糖，輸送到有需求的植物各部位，為生長和代謝過程提供能量。樹皮除了多少具有保護作用外，也是其他生命形態的基石，像是藻類、地衣、苔蘚和附生植物，這些生物通常會利用樹皮，但不會傷害樹木。

# 11月29日

## 皮樂默思與席絲比 Pyramus and Thisbe

席絲比在濺血的桑樹下發現她親愛的皮樂默思；這則經典故事與後世莎士比亞的《羅密歐與茱麗葉》明顯相似。

這個故事最早是由古羅馬詩人奧維德寫下，故事中，皮樂默思和席絲比是巴比倫城的一對年輕情侶，因為家族有宿怨而無法結婚。兩人透過圍牆上的一個裂縫來交流，計畫私奔，約好在一棵桑樹下會合。席絲比先到了，卻發現樹下有一頭獅子。她雖然逃脫，卻落下了斗篷，獅子撕破斗篷，在斗篷上留下先前殺戮的血跡。皮樂默思抵達時，發現了染血的破碎衣物和獅子的足跡，悲痛欲絕，便舉劍自殺。席絲比折返時，發現了皮樂默思的屍體，也跟著自盡身亡。這對悲劇戀人的鮮血濺上桑椹，把白色的果實（例如白桑〔*Morus alba*〕的桑椹）變成我們熟悉的紅色，而諸神同情他們，於是讓桑椹永遠變成紅色。

# 〈繞著桑樹叢走〉

Here We Go Round the Mulberry Bush

歐洲

藝術家瓦特・克蘭(Walter Crane)的美術工藝之作,展現了桑樹叢舞(1877)。

我們一圈圈繞著桑樹叢,繞著桑樹叢,繞著桑樹叢。
我們一圈圈繞著桑樹叢,在寒冷又起霧的早晨。

這首傳統兒歌有各種版本,人們繞著打轉的樹種有時是懸鉤子,在斯堪地納維亞則是刺柏。這首歌要邊唱邊牽手,唱到副歌時要繞圈跳舞,然後做出歌詞裡的動作,像是「我們就是這樣洗臉/梳頭/刷牙」,最後總是以「……在寒冷又起霧的早晨」結尾。桑樹的版本可能始於英格蘭北方韋克菲爾德市(Wakefield)的女子監獄,那裡的囚犯會在十九世紀種下的一棵桑樹周圍運動。那棵樹枯死於2017年,現在換成了用老樹插條培育的新樹。

## 歐洲雲杉 Norway Spruce
歐洲

歐洲雲杉柔韌的枝條和蠟質針葉是為了適應大雪時節，讓積雪能夠滑落，以免累積的重量壓斷了粗枝。

歐洲雲杉（*Picea abies*）原產於斯堪地納維亞、東歐和中歐，現在在歐洲與北美西部分布範圍比較大，被栽培用作軟木材和紙漿，當然也用作聖誕樹。它所具有的節慶意涵似乎主要出於方便——在更久遠的傳統中，幾乎任何常綠樹都適用於冬日慶典，不過，歐洲雲杉形狀對稱、經常分枝，特別適合作裝飾。在野外辨識歐洲雲杉的方法，是尋找熟悉的樹形、長型毬球、乾薄鱗狀的樹皮，以及剖面呈菱形，一側有淡淡白線的針葉。西卡雲杉與歐洲雲杉相似，但它的針葉比較硬而扁，兩側有淡藍線。

# 森林之神 Tāne Mahuta
**紐西蘭**

森林之神雄偉的樹幹，樹圍超過16公尺，體積大約250立方公尺。

「森林之神」的毛利語是Tāne Mahuta，紐西蘭北島暖溫帶地區的懷波瓦森林（Waipoua Forest）裡，一棵巨大的紐西蘭貝殼杉（*Agathis australis*）就被取了這個名字。森林之神是現存的紐西蘭貝殼杉之中最高大，可能也是最古老的一員。2013年的長期乾旱中，森林之神出現了缺水情況，於是當局從一條溪引水，澆灌了一萬公升的溪水，確保森林之神能活下來。那片森林長著第二高大的紐西蘭貝殼杉「森林之父」（Te Matua Ngahere），雖然比較矮，不過周長較長。這些巨木跟其他紐西蘭貝殼杉一樣，受到貝殼杉梢枯病（kauri dieback）威脅，這種病是由貝殼杉疫病菌（*Phytophthora agathidicida*）這種真菌造成的，官方已採取措施來控制病害蔓延，包括關閉受感染的森林。

12月3日

# 特拉法加廣場的聖誕樹

Trafalgar Square Christmas Tree

英國

1942年起，每年的十二月都會有一棵雲杉樹立在倫敦的特拉法加廣場，這是挪威城市奧斯陸送給英國的禮物。這項傳統始於第二次世界大戰，當時德國在1940年4月入侵挪威，其國王哈康七世（Haakon VII）流亡倫敦。2021年的這一天，倫敦市會點亮燈火，為聖誕慶典倒數。

倫敦特拉法加廣場高大的聖誕樹是年度盛事，也象徵了英國與挪威之間的友誼。

**上圖**：明信片中是喬治亞州雅典市的景點：「擁有自己的樹」。這棵樹後來在1942年倒下。

**右頁上圖**：烤栗子是秋天的美味珍饈。

**右頁下圖**：紅口桉樹皮上的塗鴉狀紋路，是一種無害的昆蟲損傷。

## 「擁有自己的樹」'The Tree that Owns Itself'

**美國**

依據喬治亞州雅典市（Athens）的當地傳說，住宅區路邊一棵白櫟（*Quercus alba*）在1890年由當地居民威廉・傑克森（William Jackson）上校立契，把白櫟出讓給它自己。即使那樣的契據真的存在，也早就佚失了，不過，民眾和市政當局對這棵樹的喜愛與敬重延續至今。原本那棵「擁有自己的樹」在1942年倒下，不過1946年12月4日，從那棵白櫟的櫟實長出的樹苗取而代之，現在仍站在原地，旁邊附上石板，以銘刻解釋了有關傑克森上校的這個真實性存疑的事蹟。

## 12月5日

### 歐洲栗
Sweet or Spanish Chestnut

這種長壽的樹木有潛力長得很高大，年輕時樹皮呈灰色且平滑，隨著樹齡增長，會出現螺旋向上蔓延的深裂。歐洲栗（*Castanea sativa*）的果實在帶刺的綠色殼斗內生長，殼斗會保護果實直到成熟而即將從樹上落下之時。這時，為了光澤飽滿的栗子而挑戰殼斗上的刺，就非常值得了。栗子可以整顆烘烤，或是去殼之後用作餡料，做成糖漬栗子，或磨製成無麩質麵粉。

## 12月6日

### 紅口桉 Scribbly Gum

常在紅口桉（*Eucalyptus haemastoma*）光滑樹皮上出現神祕塗鴉，其實是特化種的蛾——塗鴉蛾（*Ogmograptis scribula*）留下的食痕。這種桉樹和蛾在新南威爾斯州都有小面積分布；紅口桉在雪梨是常見的行道樹和庭園樹木。雖然它們能被栽植在其他地方，不過孤立生長的植株無法吸引塗鴉蛾，所以樹皮上不會出現塗鴉。

## 12月7日

# 北美紅杉「露娜」Luna

**美國**

護樹行動者茱莉亞．伯特弗萊．希爾大量書寫、演講，分享她在樹冠上住了將近兩年的經驗。

1997年12月，環境行動者茱莉亞．伯特弗萊．希爾（Julia Butterfly Hill）因為太平洋木業公司有意砍倒一棵千歲的北美紅杉，而爬上那棵大樹。這棵樹位在加州洪堡郡（Humboldt County），歷經一次雷擊仍存活下來，「地球萬歲」（Earth First!）團體的成員把它命名為露娜（月亮之意）。希爾待在露娜的枝幹間，在離地55公尺的一個克難平台上住了738天，最後和該公司達成協議，救下這棵樹和周邊的樹叢。2000年，一群蓄意破壞者用鏈鋸幾乎鋸穿了半個樹幹，但露娜活了下來，屹立至今。

## 12月8日

# 菩提樹 The Bodhi Tree

印度

這幅壁畫描繪了佛陀在菩提樹下靜坐四十九天之後開悟的一刻。

原本的菩提樹（證悟之樹，學名*Ficus religiosa*）生長在印度比哈爾邦的菩提伽耶。大約西元前500年，哲人與性靈導師釋迦牟尼在六年的嚴格克己與守戒之後，身心俱疲，拋下苦行，在菩提樹下靜坐四十九天，得到證悟，成為佛陀。那棵樹成了聖地，但多次遭到破壞，後來已種下新樹（見P303）。每年到了佛陀成道之日——12月8日這一天，人們都會慶祝祂在菩提樹下發生的那次蛻變。

## 12月9日

### 〈聖誕快樂〉Glade Jul

維果・約翰森

（Viggo Johansen, 1891）

人們在冬至把一棵常綠樹或枝條帶進屋裡的傳統，歷史悠久。室內聖誕樹的現代樣貌（通常是歐洲雲杉裝飾著燈泡和飾品），是在十九世紀初因為日耳曼皇室而普及，英國則是因為1840年代亞伯特（Albert）王子的關係。聖誕樹很快就成為維多利亞時代節日流行的重心，不過，查爾斯・狄更斯（Charles Dickens）頗不以為然，稱之為「新的日耳曼玩意兒」。

## 12月10日

### 伊利英國梧桐

The Ely London Plane

英國

一棵高大的英國梧桐長在劍橋郡伊利市（Ely）的主教宅邸（Bishop's Palace）庭園裡，它應該是在1670年代甘寧主教（Bishop Gunning）的任期間種下。伊利是最高大的英國梧桐，樹圍十公尺以上，也是第一批種在這裡的英國梧桐。

**上圖**：英國爆竹柳的習性是朝向水源，會全部或部分垂落水中。

**左頁上圖**：約翰森的畫作體現了斯堪地納維亞的節慶傳統。

**左頁下圖**：冬天的伊利梧桐樹皮呈片狀剝落，內層蒼白光滑。

## 爆竹柳 Crack Willow

**英國**

爆竹柳（*Salix fragilis*）是河岸和潮濕地最常見的樹木之一，因為在強風中容易斷裂而得名。爆竹柳可以長得很高大，但常常嚴重傾斜，通常朝向水面上。細枝和枝條一樣脆弱，這些部位的基部斷裂時會發出尖銳響亮的劈啪聲。以這種方式斷落的細枝會發根，迅速長成一棵新的樹。爆竹柳就跟一般柳樹一樣，很容易雜交，至於爆竹柳本身是不是雜交種，植物學家意見分歧（另見P171）。

# 12月12日

## 智利南洋杉 Monkey Puzzle 南美洲

一棵高大的智利南洋杉俯望拉寧（Lanín）白雪覆蓋的山峰。南洋杉屬的樹木早在安地斯山成為今日的樣貌之前，就已經存在。

這種智利和阿根廷的原生樹種，從十八世紀末開始廣泛種植在世界各地，所以許多樹有時間長到三十公尺左右的驚人高度。成熟的智利南洋杉（*Araucaria araucana*），樹皮微帶粉紅灰色且發皺，樹幹常常貌似象腿，甚至像曾經同時存在於世的恐龍腿。南洋杉的樹高應該是驅動草食性蜥腳類恐龍（sauropod，例如迷惑龍〔*Apatosaurus*〕和梁龍〔*Diplodocus*〕）演化出格外長的頸部的一個因素。智利南洋杉的英文俗名直譯為「猴子謎」（monkey puzzle），指的是它的濃密針葉非常扎人，不過許多動物都會爬上樹，尤其是松鼠，會從毬果中收集種子並埋起來。智利南洋杉在自然分布地因為遭砍伐而被列為瀕危樹種，現在受到嚴密的保護。

## 洋槐 Black Locust

美國

洋槐又稱刺槐，這種優雅的樹種在美國東部有小而分散的自然分布。洋槐（*Robinia pseudoacacia*）由於有大叢的芬芳花朵，加上複葉會在微風中閃動，顯露藍綠色的葉面和白色葉背，而被大量引入世界各地作為觀賞樹木。可惜在一些地方，當地人對洋槐的狂熱變成了敵意，因為它在澳洲、南非，甚至美國自然分布範圍外的地區，被視為高度入侵的外來種。洋槐成樹之後就很難移除，容易長出不定芽（萌蘗）而蔓延，幼樹覆滿長刺。

冬季，英國艾賽克斯郡的一棵美觀刺槐，遠離了美國東部的原生家園。

12月14日

## 失落詞彙：柳樹

The Lost Words: Willow

羅勃特・麥克法倫與潔姬・莫利斯（2017）

羅勃特・麥克法倫（Robert Macfarlane）和潔姬・莫利斯（Jackie Morris）稱《失落詞彙》（*The Lost Words*）為咒語書，能夠喚起兒童語彙中失落的自然詞彙。二十道咒語以離合詩（acrostics）的形式而作，並以三聯畫的插畫表現出每個詞的消失、喚回、歸還。這本書在2017年出版後，造成了文化上的轟動，英國各地冒出群眾募資活動，確保讓更多兒童看到這本書。《失落詞彙》也啟發了一連串的其他計畫，包括音樂劇、舞台劇改編作品與自然步道。〈柳〉咒語會喚起這些水邊魔法樹的韌性及與眾不同的特質。

柳樹啊，向我們敞開心材好嗎？展現你的深沉內在、粗糙外在、拂過水面的枝條、細枝、紋理、節瘤？

傾聽者，我們絕不向你低語說話或吶喊，即使你學會唸榿木、接骨木、楊與山楊，也學不到柳樹相關的詞，因為我們是柳，你則否。

——出自《失落詞彙：咒語書》的〈柳〉，
羅勃特・麥克法倫與潔姬・莫利斯（2017）

潔姬・莫利斯所繪的〈柳〉。《失落詞彙》這本書讓兒童重拾二十個自然名稱，「柳」正是其中之一。

## *12*月 *15*日

# 紐西蘭聖誕樹

Pohutukawa or Kiwi Christmas Tree

紐西蘭

毛利神話中，英雄塔瓦基（Tāwhaki）從天上墜落，他身上流的血冒出了紐西蘭聖誕樹（*Metrosideros excelsa*）的腥紅花朵。北島北端的雷恩加角（Cape Reinga）有棵古老的紐西蘭聖誕樹，據說它標示著死者靈魂離開世界的地方。它的耀眼花朵在十二月中旬綻放，一向被原住民用於裝飾宴會慶典，歐洲移民在慶祝聖誕節時，很快就採納這個傳統，用紐西蘭聖誕樹取代顏色類似的冬青。

紐西蘭聖誕樹在紐西蘭北島的科羅曼德爾半島（Coromandel Peninsula）岸邊綻放。

## 冬青 Holly

**英國**

白眉歌鶇和其他幾種鳥類會從亞極帶（sub polar）地區往南飛，以冬青這類溫帶樹木的漿果為食。

冬青是英國常見樹木中最容易辨識的樹木之一，特徵是葉片有光澤、通常多刺（不過，在更高處，牛和鹿覓食高度以上的葉子，通常沒那麼扎人）。冬青（*Ilex aquifolium*）樹皮的顏色特別淺、特別光滑，雖然有著疣一般的小突起，但葉子一整年都不會脫落，因此讓人很容易忽略樹皮上的突起。冬青是常綠樹木，為野生動物提供了全年的遮蔽，而鮮豔喜氣的漿果只結在雌樹上，在冬季吸引黑鸝、歐歌鶇、田鶇和白眉歌鶇等等的鳥類。冬青木質硬，顏色非常淡，幾乎是象牙色，常用於高級家具和鑲嵌藝術，也用於雕刻。冬青出現在許多文化的民間傳說之中，象徵生命、韌性和生育力，也用於抵禦巫術。

12月17日

## 〈冬青與長春藤〉
The Holly and the Ivy

這首家喻戶曉的英國聖誕頌歌最早是在十九世紀初出現於印刷品上，不過，它實際的歷史無疑更加古老，在那之前是靠著口耳相傳。

冬青樹與長春藤
已經雙雙長全，
樹林裡所有的樹木中，
冬青獨具冠冕。

太陽緩緩升起，
鹿隻蹉蹉飛奔，
管風琴開心奏著樂曲，
合唱甜美歌聲。

冬青綻放了花朵，
潔白得好似百合花，
耶穌基督在瑪利亞懷中，
我們親愛救主。

冬青結了顆漿果，
豔紅得像鮮血，
耶穌基督在瑪利亞懷中
為吾等罪人之福。

冬青長了一根刺，
尖得像荊棘一樣，
耶穌基督在瑪利亞懷中
在那聖誕節早上。

冬青長著樹皮，
像膽汁一樣苦。
耶穌基督在瑪利亞懷中
為所有人救贖。

冬青樹與長春藤
已經雙雙長全，
樹林裡所有的樹木中，
冬青獨具冠冕。

## 12月18日

## 世界爺 Giant sequoia

### 英國自然史博物館

如果你造訪倫敦的自然史博物館，爬上辛茲廳（Hintze Hall）的石階，經過藍鯨「希望」的龐大骨架後爬到頂上，就會發現另一個龐然大物——至少是那龐然大物的一部分。這一輪碩大無朋的木頭取自於一棵世界爺（*Sequoiadendron giganteum*），1893年，它在加州遭到砍伐，最近才完成修復，能清楚看見其年輪記錄了中世紀早期到機器時代之初，一千三百多年之間的生長。

## 12月19日

## 索科特拉龍血樹

## Socotra Dragon Blood Tree

### 葉門

偏遠的波斯灣索科特拉島擁有高比例的特有樹木，大約有37%的原生種僅見於島上。其中包括神奇的龍血樹（*Dracaena cinnabari*），這種樹的俗名和學名指的是深紅色的樹脂。種小名 '*cinnabari*' 是指樹脂可當作有毒的礦物質染劑（即朱砂）的代替品。龍血樹脂在當地稱為 'emzoloh'，數千年來都備受重視。

**上圖**：霍格華茲學校易怒的神奇守門柳樹，出現於2004年的電影《哈利波特與阿茲卡班的逃犯》。

**左頁上圖**：從這個一千三百歲的世界爺的一大截樹幹上，還算得出每一層年輪。

**左頁下圖**：龍血樹占據了葉門索科特拉島的乾旱山坡。

## 渾拚柳 The Whomping Willow

這棵魔法樹生長在J・K・羅琳（J.K. Rowling）筆下哈利・波特就讀的霍格華茲魔法與巫術學校的校地上。渾拚柳生性暴躁，會用球棒似的樹枝揮打入侵者。《哈利波特與消失的密室》中，載著哈利和朋友榮恩的飛天車墜落在渾拚柳的枝幹間後，渾拚柳立刻氣急敗壞地反擊。後來才發現，渾拚柳還算年輕，它被種在那裡是為了掩蓋學校通往附近活米村（Hogsmeade）一間破爛建築的祕密通道。那間屋子叫「尖叫屋」，是書中幾個角色的藏身處。

## 12月21日

### 冬至木 Yule Log

**歐洲與北美**

北方文化中的冬日慶典經常與光和火有關，而冬至木有許多版本，不過都是在冬至時把一大塊木頭搬進屋裡（常當作禮物）。冬至木會儀式性地點燃，可能持續燃燒，也可能在節慶期間每天燒一會兒。在歐洲（尤其英國）和隨後的北美，根據傳統會留下一塊燒焦的冬至木，用來點燃隔年的冬至木。

## 12月22日

### 冬青王 The Holly King

**英國**

冬青王和櫟樹王是一對異教的神祇，陷入永恆的霸權爭鬥。冬青王是櫟樹王在冬季的對應（見P176頁），象徵冬季與黑暗。新異教藝術中，冬青王時常被描繪為頭戴冬青冠的老人；這個角色的凱爾特版本可能最後演變為現代聖誕老人的形象。

**上圖**：生長在高海拔的雲杉，一年有好幾個月覆蓋在冰雪中，不過完全能避免凍傷。

**左頁上圖**：歐洲北部的許多文化中，冬季節慶的重心是一大塊徹底乾燥的原木。

**左頁下圖**：冬至慶典的主角——冬青人。

## 白雪皚皚 Snowbound

冰凍通常會對植物組織造成損害，不過生長在極端海拔和緯度的樹木，發展出了驚人的耐寒能力。生長在極北地區的雲杉和冷杉有著常綠的針葉，冬天不落葉，對零下溫度的適應策略，包括細胞排出水分（水結冰的話，會使細胞受損），使得細胞液的濃密度提高，凝固點下降。這樣的耐凍特性，需要樹木能應付細胞脫水的情況。第二種策略是，藉著「過冷」（supercooling）來避免結凍，讓水在零度以下仍不結冰。讓植物組織過冷的方式，是產生可抑制冰晶形成的蛋白，以及除去水中雜質，以免雜質成為冰核。

## 12月24日

# 收取乳香 Collecting Frankincense

**阿拉伯半島**

乳香樹上的人工切口會滲出團狀或珠狀的樹脂。乾燥硬化之後，再以人工採收。

乳香是乳香屬（*Boswellia*）樹木（通常是神聖乳香〔*B. sacra*〕）的乾燥樹脂。這些強韌的小樹在阿拉伯半島乾燥多岩的高地景觀裡欣欣向榮。乳香的採收方式，是在樹上割出小切口，或割除一片片樹皮。這種樹木受傷後，會釋出濃稠的白色樹脂，且樹脂一遇到空氣就會凝固乾燥，形成又小又硬的團粒。

燃燒乳香會釋放出甜美木質的香氣；乳香也能以蒸餾方式製作香水。

## 〈聖誕節的十二天〉The Twelve Days of Christmas

自然版畫師羅伯特·吉爾摩（Robert Gillmor）繪製著名的節慶鷓鴣。

聖誕節的第一天，收到真愛送來的禮物，梨樹上一隻鷓鴣。

這首聖誕頌歌熱門卻古怪，數百年來在英語世界都是聖誕慶典的要角。它的歌詞在1780年刊載於一本童書裡，沒有附上樂譜，不過早在更久以前，各種版本的頌歌已經在流傳。據推測，歌詞中的梨樹（pear tree），其實是法文的perdrix（鷓鴣）誤聽的結果，而原版的「第一份禮物」（first gift）是指那隻鷓鴣。人們耳熟能詳的曲調是傳統民歌的調子，於1909年由佛雷德利·奧斯汀（Frederic Austin）整理發表。

# 12月26日

## 歐洲紫杉 Common Yew

**英國**

歐洲紫杉（*Taxus baccata*）是世界上最受尊崇的樹種之一。這種黑暗、神祕、長壽卻帶毒性的常綠針葉樹，既象徵（永恆的）生命，也象徵死亡。它的肉質假種皮呈深粉紅色，此外全株包括葉、木材和毬果中的種子，都有高濃度的植物鹼，對牲畜和人類有劇毒。從紫杉分離出來的其他化合物，則能救人性命，有助於開發化療藥物「汰癌勝」（Taxol）。紫杉通常見於聖地，包括基督教教堂的庭院裡，能防止當地牧人讓動物在此遊蕩。不過，許多紫杉的歷史比旁邊的教堂悠久，而這些地點很可能早在為基督教教徒所用之前，就因生長的紫杉而被視為聖地。紫杉的木材有彈性，容易處理，是製作長弓的好材料。

威爾斯波伊斯郡迪斯可德市（Discoed）的聖米迦勒（St Michael）教堂外有棵紫杉，據說它大約五千歲了。

## 比亞沃韋扎森林 Białowieża Forest

**波蘭與白俄羅斯**

大片的低地森林在歐洲野牛的生存上扮演了關鍵性的角色。這隻大野牛被戴上無線電追蹤項圈，屬於一項保育監控計畫。

法國南部的庇里牛斯山脈以北，往東到烏拉山（Ural）的大片平原，主要是低地，從前幾乎滿布森林。如今只剩下破碎的原始林，其中最大、最不受干擾的，是跨越了波蘭和白俄羅斯的邊界，廣達一千四百平方公里的比亞沃韋扎森林。森林中有一群歐洲野牛，還有數以千計的古老高大櫟樹。比亞沃韋扎森林得到多項的認證，包括聯合國教科文組織的世界遺產地點和歐盟的「自然2000特別保育區」。即使如此，波蘭側的大面積老齡林仍遭到砍伐，違反了認證與歐盟法律。

**上圖**：北美西部側柏被認為是加拿大「最扭曲的樹」。

**右頁上圖**：在德國的華德夫（Haldorf），白霜覆蓋的小葉椴。

**右頁下圖**：加拿大和歐亞大陸北部的北方針葉林籠罩在極光下。北方針葉林組成了地球上最大的陸地生物群系。

## 北美西部側柏 Western Red Cedar

**溫帶**

另一種有潛力長得很高大的針葉樹是北美西部側柏（*Thuja plicata*），來自北美西岸，英文俗名直譯為「西部紅雪松」（western red cedar），但嚴格說來是柏木，而不是真正的雪松。北美西部側柏的習性是長得非常高，只在頂端分枝，因此是理想的木材用樹，木材通直、常綠，很少有結。木材質輕而強健，而且在芬芳心材中具有濃縮的殺真菌物質，因而有抗腐蝕能力。北美西部側柏在世界各地的溫帶地區廣泛栽植。

## *12*月*29*日

### 小葉椴

Small-leaved Linden or Lime

歐洲

歐洲最常見的椴樹，樹葉一向小於八公分長，時常不到五公分。小葉椴（*Tilia cordata*）的葉背葉脈間的分岔處有紅色細毛。這個特徵加上樹皮白而光滑，是小葉椴和一般葉子較大的椴樹之間的差異。椴樹天生擴散得慢，所以小葉椴常常只出現在古老的林地，被視為棲地相對少受干擾的正指標。

## *12*月*30*日

### 北方針葉林 Taiga

覆蓋加拿大、阿拉斯加、斯堪地納維亞和俄國北緯五十到七十度之間大部分土地的針葉林，稱為北方針葉林（taiga）或北方森林（boreal forest）。北方針葉林主要由雲杉、松樹、落葉松和一些樺樹組成，覆蓋地球11%的陸地面積。這些樹能在低於攝氏負六十度的溫度下存活。

*12*月*31*日

你們的同類從不曾看到完整的我們。你們錯失了一半，甚至不止。地下的和地上的其實一樣多……如果你的心智更青澀一點，我們會讓你淹沒在意義中。

——《樹冠上》（*The Overstory*）
理察・鮑爾斯（Richard Powers, 2018）

# 索引

**◎7劃**



**◎8劃**



**◎9劃**

**◎10劃**



**◎11劃**



**◎12劃**



**◎13劃**

◎14劃



◎15劃



◎16劃



◎17劃



◎18劃



◎19劃



◎20劃以上

# 謝詞

人類對於這些強壯而沉默的同伴之知識，比對於人類這種生物的知識更久遠，但我們還有好多事有待知曉。寫博物誌的書籍時，幾乎還沒印行，就有一些知識落伍，由於我們近期對樹木的了解突飛猛進，本書也不例外。我受惠於許多有名或無名的傑出博物學家和科學家、林務官與採集者、藝術家和攝影師、詩人與作家、說書人和老師、領導者和思想家、保育家和行動主義者，他們的想像力、好奇心、智慧與熱情啟發並充實了整本書。

十分感謝蒂娜・佩索德（Tina Persaud）邀我參與這迷人的「一日一樹一故事」系列，也感謝克莉斯蒂・理察森（Kristy Richardson）在2020年到2021年困擾我們格外複雜的情況下，還能那麼堅定地努力。永遠感謝我珍愛的洛伊（Roy）和洛希（Lochy），在我閉關執行這個計畫時，他們正在摸索如何居家上課。

最後，很重要的是，我對樹木的愛與感激；樹木給了我呼吸。

# 圖片來源

**Every effort has been made to contact the copyright holders. If you have any information about the images in this collection, please contact the publisher.**

**© Alamy Stock Photo** / A. Astes p352 top; Adam Burton p196-197; adrian hepworth p63; A.F. ARCHIVE p243 top; Alan King engraving p163; Alan Novelli p311; Album p36, p170-171, p330; Album / British Library p228; Alex Ramsay p358; Alex van Hulsenbeek p335; Alwim p281; Andy Collins p120; Angelo D'Amico p273; Anna Ivanova p339 top; Anna Stowe Landscapes UK p144; Antiqua Print Gallery p136 top, p354 top; Antiquarian Images p78; Anup Shah p307; Archive PL p338; Arco Images / Hinze, K p43 bottom; Ariadne Van Zandbergen p15; Arndt Sven-Erik p81; Art Collection 4 p89; Art Heritage p159; Arthur Greenberg p104; Art Media/Heritage Images p135; Artokoloro p95, p180; Art Wolfe / DanitaDelimont p194; Art World p266 top, p266 bottom; Asar Studios p51, p182, p317; Aurelie Marrier d'Unienville p76; BAO p4; Bailey-Cooper Photography p258 bottom; Benard / Andia p169; Bernard van Dierendonck p199; blickwinkel p40, p181 (Katz), p237 (Layer), p267 (McPHOTO/HRM), p283 (R. Bala), p33 (R. Koenig), p294 (R. Linke), p264 (Schulz), p302 (S. Meyers), p175 lower centre (S. Ziese); BLM Collection p56; Bob Gibbons p261, p314, p334; Boelle / Andia p34-35; Botany vision p119; Borislav Marinic p42; Brian McGuire p168; Brownlow Brothers p342 bottom; Cameron Cormack p229; Cavan Images p6; Charles Walker Collection p110; Cheryl-Samantha Owen / naturepl.com p360; Chris Dorney p98, p223; Chris Mattison p128; Christopher Smith p129; Chronicle p52, p97; Clare Gainey p299; Classic Collection p60; classicpaintings p105; ClickAlps p215; Colin Varndell p331 bottom right; Colin Waters p232; craig wactor p331 bottom left; culliganphoto p152; Daniel Rudolf p331 top left; David Chapman p31 bottom; David Foster p191; David Noton p348; David Towers p133; DBI Studio p114; Della Huff p25; Denise Laura Baker p293; Dennis MacDonald p301 bottom; Didier ZYLBERYNG p72; Dmitry Rukhlenko - Travel Photos p37; dpa p313; Eden Breitz p131; Edward Parker p115, p136 bottom; Egmont Strigl p87 bottom; Ellen Isaacs p147; Emanuel Tanjala p77; Emilio Ereza p291; Emma Varley p326; ES RF Travel p96; Ethan Daniels p258 top; Everett Collection p17 top, p66, p322; Everyday Artistry Photography p178 top; eye35.pix p9; Fabian von Poser p188; Fahroni p192; FCL Photography p244; F. Jack Jackson p22; FL Historical 1B p342 top; FloralImages p100; Florilegius p18, p70, p146 top, p256, p312; Flowerphotos p210; FLPA p349; Frank Blackburn p343; Frank Hecker p331 top right; Frank Sommariva p277; Frederik p123; freeartist p201 top; funkyfood London - Paul Williams p276; gardenpics p150 bottom; Gary K Smith p106; Gary Schultz/Alaska Stock p253; Geff Reis p190; Genevieve Vallee p339 bottom; geogphotos p175 top; George Ostertag p138; George Oze p262; Germán Vogel p121; Giel, O./juniors@wildlife p158; Gisela Rentsch p150 top; Glock p270; Granger, NYC. p11 top, p65; Gunter Marx / TA p26; H-AB p329 bottom; Hamza Khan p195 bottom; H. ARMSTRONG ROBERTS p184; Heather Angel p124 bottom; Henk van den Brink p316; Hervé Lenain p230, p240; Hilary Morgan p134; History and Art Collection p23, p218, p274; Homer Sykes p112-113; Iain Dainty p225; Ian Dagnall p140, p285; IanDagnall Computing p315; Ian Sheppard p295; ian west p268; imageBROKER/BAO p130; Imladris p126; Impress p292; Indiapicture Editorial p265; inga spence p239; Ingolf Pompe 4 p173; Ingo Schulz p27; INTERFOTO / History p271; Irina Mavritsina p252; Jani Riekkinen p362-363; JDworks p54; Jeffrey Murray p109; Jesse Kraft p167; Jochen Schlenker p111; Joe Blossom p282 top; Joel Day p174; John David Photography p176 bottom; John Fairhall/AUSCAPE p235; John Gollop p74; John Nowell p356; John Zada p233; Jon Sparks p214; Josh Harrison p14; K7 Photography p325; keith morris news p41; Keith Pritchard p187; Ken Leslie p249; Kjersti Joergensen p179; Konstantin Kalishko p352 bottom; KPixMining p327; Kristin Piljay p344; Larry Geddis p231 bottom; Leon Werdinger p272; Lesley Pardoe p80 top; LianeM p69; Lizzie Shepherd/Destinations p88; Maciej Krynica p269; Marco Ramerini p200; Marcus Harrison - plants p183; Marcus Siebert p361 top; Margaret Welby p345; Mario Galati p248; Mariusz Blach p296-297; Marko Reimann p303 top; mark saunders p7; Martin Bache p185; Martin Siepmann p217, p355; martin meehan p259; Matthijs Wetterauw p282 bottom; McPhoto/Lovell p341; MeijiShowa p219; MEMEME p38; Midnightsoundscape p254; MIXA p222; Moritz Wolf p90-91; Music-Images p333; Nataliia Zhekova p238; Natalya Onishchenko p186 top; Natural History Library p306; Neftali p178 bottom; Nick Garbutt p39; NorthScape p166; North Wind Picture Archives p177; Objectum p17 bottom; Oleksandr Skochko p83; OliverWright p32; Overland Uncharted p280 top; PAINTING p242, p278-279; Panther Media p161; Patrick Guenette p301 top, p328; Patti McConville p255; Paul Brown p336-337; Paul Edwards p321; Petar Paunchev p145; Pete Oxford p206; Peter Barritt p310; Peter Elvin p62; Peter Conner p251; Peter Ekin-Wood p303 bottom; Peter Horree p79, 84; Peter Jacobson p164; philipus p193; Photo Researchers p320, p332; pjhpix p205; PjrWindows p13; Purepix p94; Quagga Media p107; Rachel Husband p175 bottom; Randy Duchaine p8; Ray Boswell p108; Reinhard Tiburzy p241; Richard Becker p304; Richard Childs Photography p275; Richard Faragher p195 top; Richard Wayman p141; Ric Peterson p189; RIEGER Bertrand / hemis.fr p122; riza riza azhari p308-309; RM Floral p50 bottom; Robert Bird p201 bottom; Robert Canis p359; Robert Morris p221; Roger Coulam p118; ROGER NORMAN p224; Roland Pargeter p85; Rolf Nussbaumer p250; roger parkes p137; rsstern p103; Ryland Painter p5; Sabena Jane Blackbird p19; Saint Street Studio p157; SANDRA ROWSE p354 bottom; scott sady/ tahoelight.com p286; Seaphotoart p46; Selfwood p117; Shawshots p102; Shim Harno p143; Siegfried Modola p75; SIMON DAWSON p160; Some Wonderful Old Things p49; Stefan Auth p226; Steffen Hauser p284; Stephanie Jackson - Australian landscapes p245 top; Stephen Dalton p149; Stephen Saks Photography p323; Steve Hawkins Photography p176 top; Steven Booth p220; Steve Taylor ARPS p24, p146 bottom, p324; Stewart Mckeown p2-3; Studio Light & Shade p20-21; Sunny Celeste p216; Sunshine p187; Tatyana Aleksieva-Sabeva p82; The Artchives p93; The Book Worm p213; The Granger Collection p227; The History Collection p53, p68, p319; The Picture Art Collection p48; The Print Collector/Heritage Images p260; Thoai Pham p142; Tim Gainey p204; Tim Graham p175 upper centre; Tony Allaker p153; Utterström Photography p257; Val Thoermer p243 bottom; victor pashkevich p329 top; Volgi archive p165; Walter Rawlings p300; Warner Bros/courtesy Everett Collection p290, p353; Witthaya Khampanant p280 bottom; World History Archive p236; Yakov Oskanov p318; Yorkshire Pics p50 top; Zev Radovan p139; Zip Lexing p202; Zoonar/Petr Jilek p288-289; Zoonar/Stefan Ziese p43 top; Zvonimir Atletić p245 bottom.
**© Bridgeman Images**/ Christie's Images p234.
**© Getty Images** / Barry Winiker p29; The India Today Group p30; Anne Frank Fonds Basel p58; EVERT ELZINGA p59; Science & Society Picture Library p198; GAMBLIN Yann p340.
© Mary Evans Picture Library/ Illustrated London News p12; Florilegius p151; Medici p350-351; ROBERT GILLMOR p357.
**© Nature Picture Library**/ Niall Benvie p31 top; John Abbott p57; Andres M. Dominguez p61; Rod Williams p73; Gerry Ellis / Minden p92; Ingo Arndt / Minden p101; Konrad Wothe / Minden p116; David Tipling / 2020VISION p246-247; Eric Baccega p361 bottom.
The publisher would also like to thank the following contributors: p4, p208-209 © Katie Holton; p10 © Brian Burma; p11 bottom, courtesy of The Oxford Times; p16 Ragesoss. Licensed under the Creative Commons Attribution 2.0 Generic License (https://creativecommons.org/licenses/by/2.0/legalcode); p28, p80, 212 and 263 This work has been identified as being free of known restrictions under copyright law, including all related and neighboring rights; p44, p45 (work by Tania Kovats at the Natural History Museum), p287 © Amy-Jane Beer; p47 © Liz Carlson; p55 © BB / Methuen Publishing Ltd; p64 © Nobuo Yasuda; p67 © Spirit of Old; p71 © Jo Stephen; p86 © Agfa the Frog; p87 top © Apartura / Dreamtime.com; p99 © Carry Akroyd; p124 top, by kind permission of the Provost and Fellows, Kings College; p125 © Manx Wytch; p127 © Andrew Harrington; p132 © Carin Wagner-Brown; p148 © Jo Brown; p155 © Nick Hayes (illustrator) and Robert McFarlane (author); p156 Vassto. Licensed under the Creative Commons Attribution-NonCommercial 3.0 Unported (CC BY-NC 3.0) license (https://creativecommons.org/licenses/by-nc/3.0/legalcode); p162 © Keith Deakin aka TreeHugga; p172© Scotland Off the Beaten Track; p203 © James Brunt; p207 © Ben Andrews; p211 © Arthénon / Laurent Bourcellier; p231 top © Macmillan Publishers Ltd, Nature vol 525, T.W. Crowther and H.B. Glick, Yale School of Forestry and Environmental Studies, Yale University. Permission courtesy of Crowther Lab Research; p298 © Neil McCartney; p305 © Gareth Wray Photography; p346-347 © Jackie Morris (illustrator) and Robert McFarlane (author), courtesy of Hamish Hamilton.